半马尔可夫跳变系统的滑模控制

Sliding Mode Control of Semi – Markovian Jump Systems

[中] 江保平
[印] 哈米德·雷扎·卡里米　编著
（Hamid Reza Karimi）

周浩　董理　王蕾　译

国防工业出版社

·北京·

著作权合同登记　图字:01-2023-5254 号

图书在版编目(CIP)数据

半马尔可夫跳变系统的滑模控制／江保平,(印)哈米德·雷扎·卡里米(Hamid Reza Karimi)编著;周浩,董理,王蕾译. —北京:国防工业出版社,2024.6

书名原文:Sliding Mode Control of Semi-Markovian Jump Systems

ISBN 978-7-118-13150-5

Ⅰ.①半… Ⅱ.①江… ②哈… ③周… ④董… ⑤王… Ⅲ.①控制系统-研究 Ⅳ.①TP271

中国国家版本馆 CIP 数据核字(2024)第 075819 号

※

国防工业出版社出版发行

(北京市海淀区紫竹院南路 23 号　邮政编码 100048)

三河市天利华印刷装订有限公司印刷

新华书店经售

＊

开本 710×1000　1/16　印张 11¼　字数 192 千字

2024 年 6 月第 1 版第 1 次印刷　印数 1—1300 册　定价 88.00 元

(本书如有印装错误,我社负责调换)

国防书店:(010)88540777　　书店传真:(010)88540776

发行业务:(010)88540717　　发行传真:(010)88540762

译 者 序

半马尔可夫跳变系统作为一类特殊的随机混杂系统,其在制造业、航空航天及网络控制等领域都有广泛的实际应用,近年来,对于这类随机系统的理论研究受到众多学者关注,尤其是用马尔可夫随机过程或马尔可夫链对随机跳变系统进行建模具备很大优势。

本书针对半马尔可夫随机系统的过渡速率问题展开一系列的研究,试图提出一套合理科学的解决办法,为马尔可夫跳变系统在社会生产乃至国防领域的应用提供行之有效的途径。全书框架逻辑性强,在介绍所涉及理论的基本原理的基础上,针对所研究问题由浅入深逐步展开研究。在每一章中,除了进行理论研究、数学推导,本书还将所提方法应用于实际案例,在检验方法合理性的同时,便于读者更好地理解掌握。全书对解决半马尔可夫跳变系统理论与应用问题具有重要借鉴价值,无论在学术意义还是在工程应用方面,本书都具有很高的参考价值。

原著作者长期从事随机系统控制的相关研究工作,在 *IEEE Transactions on Fuzzy Systems*、*ISA Transactions* 等顶级 SCI 期刊、会议发表了多篇高水平文章,为本书的撰写奠定了基础。作者具备丰富的图书编写经验和较强的理论、科研基础,保证了原著较高的学术水平和编写水平。原著研究的内容和技术专一、深入围绕重点内容阐述清晰、有理有据、深入浅出。本书的英文原版由 CRC 出版社于 2021 年出版,内容丰富、技术先进,是一本不可多得的理论教材,在控制理论与应用领域广受欢迎。鉴于此,现特将此书翻译成中文,以方便国内读者使用。为了保留原著的特色,译文中对于矢量、矩阵等符号形式采用原著中的格式;对于参考文献,亦采用原著的形式,请读者理解。

本书编译组成员长期从事控制理论与应用的教学科研工作,具有一定专业基础,同时,编译组大部分人员承担外国留学生教学任务,具备一定翻译能力。本书编译工作历时一年,通过查阅大量资料、咨询国内相关专家,力图采用通俗、恰当的语言,还原原著。在本书编译过程中,得到了海军工程大学各级领导和同事的帮助,在此一并表示感谢!

　　由于编译者的学识有限,编译时间紧迫,不足之处在所难免,恳请广大读者批评指正。

编译组

2023 年 12 月

前　言

近年来,半马尔可夫跳变系统(semi – Markovian jump system,S – MJS)因其在电气系统、经济学和力学等实际系统建模中的可行性而受到广泛关注。如今,对 S – MJS 的分析与合成研究越来越丰富,并取得了许多重要成果。然而,由于 S – MJS 中的转移率是时变的,在实际中很难获得,这类系统的随机稳定和镇定的基本问题仍然具有挑战性。因此,我们试图解决一类具有一般不确定转移速率的连续时间 S – MJS 的分析与综合问题。

滑模控制在处理非线性复杂系统方面具有独特的优势:滑模控制模型具有响应速度快、暂态性能好、对系统扰动和不确定性具有较强的鲁棒性等特点,自问世以来就引起了控制界的极大关注。对于随机系统的滑模控制,两步法的设计比一般的状态空间系统更为复杂,需要考虑由切换模式引起的跳变效应、由跳变规则引起的有限时间可达性、带有缺陷模式转移率信息的控制器设计等问题。本专著包含了有价值的参考和知识,有助于相关研究人员探讨这些问题,开展该领域的进一步研究。

本专著主要介绍 S – MJS 滑模控制的最新进展和文献综述,涉及 S – MJS 的随机稳定性分析、模糊积分滑模控制、有限时间滑模控制、自适应滑模控制和分散滑模控制等问题,以及它们在机械臂和电路系统中的应用。内容也适合一学期的研究生课程。

在本专著中,第 1 章首先给出了 S – MJS 随机稳定性的基本概念和结果。在第 2 章中,基于前面的基本结果,利用线性矩阵不等式(linear matrix inequality,LMI)技术,研究了具有一般不确定转移速率(transition rate,TR)的 S – MJS 的随机稳定性问题。第 3 章研究了基于连续时间 Takagi – Sugeno(T – S)模糊模型的

S – MJS的鲁棒模糊积分滑模控制问题,放宽了输入矩阵与满列秩相同的假设。第4章采用模糊方法处理具有不可测前件变量的连续时间 S – MJS 的有限时间滑模控制问题,并提出 LMI 条件保证到达阶段和滑动运动阶段的有界性。第 5 章研究了具有不可测前件的非线性 T – S 模糊模型的 S – MJS 基于观测器的自适应滑模控制问题,给出了具有 H_∞ 性能指标干扰衰减水平 γ 的滑模动态和误差动态随机稳定的 LMI 条件,并设计了自适应控制器。第 6 章针对大规模半马尔可夫跳变互联系统的镇定问题,提出了一种分散自适应滑模控制方案,设计了自适应律来补偿死区输入非线性和未知互联项。第 7 章给出了时滞切换 S – MJS 的降阶滑模控制方法,给出了均方指数稳定性分析的 LMI 条件,并设计了有限时间可达性的自适应控制器。

目　　录

第1章 绪 论

1.1 滑模控制

滑模控制(sliding mode control,SMC)自 20 世纪 50 年代由 Emelyanov 首次提出便一直备受关注。随后由 Utkin 证明是一种对不完全建模或非线性系统的有效鲁棒控制策略[1-3],从而得到进一步发展。从本质上讲,SMC 不同于其他控制方法,它是一种特殊的非线性控制,其非线性表现为控制的不连续,即被控系统的结构在动态过程中保持不变,但可以根据当前系统状态(如其偏差和导数等)不断变化,以满足预期的要求。其结果是,系统被迫按照预定"滑动模态"的状态轨迹运动。由于滑模设计可以独立于目标参数和干扰,因此滑模控制系统具有响应速度快、对参数变化和干扰不敏感、系统不需要在线识别、物理实现简单等优点。然而,SMC 方法具有一个主要的缺陷:状态轨迹到达滑模面后,在滑模面两侧来回穿越,难以严格地保持在平衡点上,而这也是抖振问题的来源。尽管存在该缺点,SMC 的研究和应用非常广泛,并正在不断发展。

1.1.1 SMC 的基本概念

1.1.1.1 连续时间状态

SMC 又称为滑模变结构控制(sliding mode variable structure control)。根据状态空间中 $S(x)=0$ 两侧的开关信号,系统结构不断变化,系统切换的原理称为控制策略,它保证了滑模动力学的存在。因此,$S=S(x)$ 和 $S(x)=0$ 分别称为切换函数和切换曲面。当系统的运动点(状态变量)在接近切换面区域时,就会被"吸引"到该区域内运动。系统在滑模区的运动称为"滑模运动",该运动性质与参数变化和干扰无关。

对于一般的非线性系统的形式

$$\dot{x} = f(x, u, t), x \in \mathbb{R}^n, u \in \mathbb{R}^m, t \in \mathbb{R} \tag{1.1}$$

式中:$x(t)$ 为系统状态向量;$u(t)$ 为控制输入。

给定一个形式为 $S(x) = [s_1(x) \; s_2(x) \cdots s_m(x)]^{\mathrm{T}}$ 的切换函数,我们需要设计一个滑模控制器 $u(t) = [u_1(t) \; u_2(t) \cdots u_m(t)]^{\mathrm{T}}$,即

$$u_i(t) = \begin{cases} u_i^+(t), s_i(t) > 0 \\ u_i^-(t), s_i(t) < 0 \end{cases}$$

其中,$u_i^+ \neq u_i^-$,满足以下三个条件:

(1)在滑模运动,即 $S(x)\dot{S}(x) \leqslant 0$。

(2)条件满足;也就是说,所有在滑模面 $S(x) = 0$ 以外的系统轨迹都将在有限时间内到达预定义的滑模面,并保持稳定。

(3)滑模面 $S(x) = 0$ 的动态,即滑模动态是稳定的,具有特定的性能。

1.1.1.2 离散时间状态

离散 SMC 又称离散时间系统 SMC,即将连续时间系统中的 SMC 理论推广到离散时间系统中,以满足当前数字计算机控制系统的要求。离散 SMC 的研究始于 20 世纪 80 年代[4],其控制策略一般可分为不等到达条件和相等到达条件。

在离散时间情况下,系统状态轨迹在切换面上严格滑动的可能性几乎为零。因此,离散时间系统的 SMC 出现了"准滑动模态"问题;也就是说,对于离散时间系统,SMC 不能产生理想的滑动运动,而只能产生准滑动运动,这也需要重新审视离散 SMC 中的一些基本问题,涉及滑动模态的存在性、滑模运动的可达性和稳定性。

对于离散时间系统建立 SMC,其基本原理与连续时间系统完全相同,同样分为两个基本问题:

首先,选择一个切换函数 $S(k)$,保证滑模是全局渐近稳定的。

其次,计算滑模控制器 $u(k)=u^{\pm}(k)$,使得所有的运动都能在有限时间内到达切换面 $S(k)=0$。

如上所述,满足离散时间情形下的条件大多由连续时间情形推广而来,并提出了如下条件。

不等式类型:

$$[s(k+1)-s(k)]s(k)\leqslant0$$

$$|s(k+1)|\leqslant|s(k)|$$

$$V(k+1)-V(k)\leqslant0,V(k)=\frac{1}{2}s^2(k)$$

离散时间指数趋近律类型:

$$s(k+1)=(1-qT)s(k)-\epsilon T\mathrm{sgn}(s(k))$$

其中,$\epsilon>0,q>0,qT<1$。

不同于一般的不等式趋近律条件,离散时间指数趋近律条件考虑了采样周期的影响。因此,离散时间指数趋近律有以下几个优点:

(1)该系统在趋近阶段质量良好,趋近规律中的参数 ε 和 q 可调。

(2)可以计算出切换范围的大小。

(3)解决 SMC 问题变得更加简单。

(4)方程形式的达到条件给出了变结构控制的方程式,在设计过程中易于实现。

尽管 SMC 具有响应速度快、对参数变化不敏感、完全排斥外部匹配性干扰等优点,并且对外部噪声干扰和参数摄动表现出较强的鲁棒性,然而,由于切换器件的滞后,SMC 在实际应用中也表现出其主要缺点(抖振效应);实际的滑模不能始终保持在切换面上,这可能是由以下原因造成:

（1）空间滞后开关。

开关延迟对应状态空间中状态变量存在的死区，造成等幅波会在滑模面上叠加。

（2）时间滞后开关。

由于开关的时滞，在滑动面附近，控制效果对状态的确切变化被延迟了一段时间；随着控制量的幅值逐渐减小，在滑模面上表现为衰减的三角波。

（3）物理惯性的影响。

由于系统的能量和加速度是有限的，并且系统的惯性总是存在的，因此控制开关总是伴随着时滞，这与时滞效应是一致的。

（4）由离散系统特性产生的抖振。

离散时间系统的滑动模态本身就是一种"准滑动模态"；其切换动作不发生在滑模面上，而是发生在以顶点为原点的圆锥体表面。

另外，众所周知抖振是无法消除的，因此在设计滑模控制器时需要选择合适的增益参数来减少抖振的影响。目前，国内外对 SMC 中的抖振现象进行了大量的研究，并得到了如下结论：

（1）准滑模法主要包括连续函数近似法和边界层设计法；为了平滑切换信号 $\text{sgn}(s(t))$，常提出连续 sigmoid 函数[5-6]。文献[7]假设滑动面导数范数为上界，提出了非自适应无抖振滑模控制器。

（2）趋近律法，如线性趋近律和指数趋近律[8]。

（3）滤波方法，使系统的控制信号通过滤波器进行平滑滤波；例如，在文献[9]中，针对多连杆机器人的跟踪控制任务，提出了一种增益调度 SMC 方案，该方案引入两类低通滤波器并行工作，以获得等效控制，从而降低开关增益。

（4）干扰观测器法，利用干扰观测器估计外界扰动和不确定性，然后对其进行补偿[10-11]。

（5）动态滑模法，为了获得本质上时间连续的动态 SMC 规律，通过微分过程对传统 SMC 中使用的切换函数进行重构[12-13]。

（6）模糊方法，一种是基于经验，利用模糊逻辑实现 SMC 参数的自调整，另一种是基于模糊模型的普遍逼近性质[14-15]。

其他降低抖振效应的方法包括神经网络、遗传算法优化和开关增益降低[16-19]。

1.1.2　SMC 的运用

通常，一个常规的 SMC 设计包括两步：

步骤1　设计一个滑模面 $S(x)=0$，使得限制在滑模面上的动力学具有期望的性质，如稳定性、抗干扰能力和跟踪性。

步骤2　设计不连续反馈控制器 $u(t)$，使得系统状态轨迹在有限时间内被吸引到所设计的滑模面上，并在随后的所有时间段内维持在滑模面上。图 1.1 描绘了一个理想 SMC 过程的实现，该过程包括两个阶段：一个是到达阶段，从初始状态 x_0 到超平面上的 A 点；另一个是滑模运动阶段，从 A 点到平衡点 O。

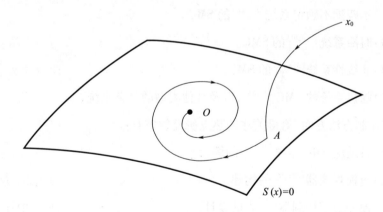

图 1.1　理想 SMC 的实现

1.1.2.1　滑模面设计

滑模面的设计是 SMC 的重要环节，在很大程度上决定了所得到的滑模的动态品质。针对不同的 SMC 策略，可以提出不同的切换面，如线性滑模面[20]、时变滑模面[21]、积分滑模面[22]等。终端SMC[23]通过在滑模面设计中引入非线性函数,实现了系统在滑模状态下的跟踪误差在有限时间内收敛到零。在全局鲁棒SMC[24]中,设计了一类动态切换泛函,保证系统在整个过程中具有动态滑动品质,即消除了趋近运动,系统在整个响应过程中表现出较强的鲁棒性。积分滑模面法可以减小系统的稳态误差,实现系统的全局鲁棒性。鉴于上述优点,这些滑动面设计方案已广泛应用于各种系统的控制分析中。

1.1.2.2 滑模控制器设计

SMC的另一个重要部分是控制律的设计,即寻找合适的控制器使得系统至少满足三个性质(连续时间SMC中的三点)。迄今为止,随着SMC理论的广泛发展,其在机器人和航空航天领域得到了广泛的应用。滑模控制器的设计也可以大致分为以下几类:

(1)离散时间系统[25-26]的SMC——需要考虑的主要问题是抖振效应和大增益反馈。

(2)不匹配不确定系统[27-28]的SMC。

(3)时滞系统[29-30]的SMC。

(4)非线性系统[31-32]的SMC。

(5)随机系统的SMC[33-34],以及其他类型的复杂系统。

在控制方法方面,值得关注的热点研究领域有:

(1)自适应SMC策略[35-36]的综合。

(2)滑模观测器[37-38]的构建。

(3)模糊滑模控制器[39-40]的设计。

(4)神经滑模控制器[41-42]的设计。

(5)高阶SMC[43-44]的构建。同样,随着控制技术和计算机技术的发展,反步法[45]、线性矩阵不等式(LMI)技术[46]和S函数法[47]也迅速推动了SMC的发展。

1.2　半马尔可夫跳变系统

1.2.1　马尔可夫跳变系统的回顾

随着现代工业工程的快速发展,自动控制理论得到应用,大致经历了以下 3 个阶段:经典控制理论、现代控制理论和大系统控制理论。相反,自动控制理论的快速发展也促进了现代工业工程的发展。在现代工业工程中,对复杂系统建模的精度和准确度要求越来越高。例如,系统中的一些突变,如动态突变、参数漂移或环境噪声变化等,需要用更合适的数学模型来描述。一般情况下,这些内部或外部的不确定性无法用传统的状态空间模型来描述,因此专家学者们引入了随机过程和随机变量。其中,应用随机跳变系统建模这种具有多模特性的物理模型或具有多功能控制器开关的智能控制系统引起了极大的关注。特别地,这类随机系统理论和随机控制方法已经广泛应用于各行各业,如网络通信、电力系统和化工等诸多工程领域。

考虑如图 1.2 所示的电路,其中开关 $r(t)$ 的位置在 3 个状态 $S=\{1,2,3\}$ 的电容器之间随机变化。

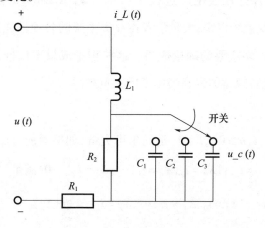

图 1.2　RLC 串联电路

相应地,令 $x_1(t) = u_c(t)$ 和 $x_2(t) = i_L(t)$ 为状态向量,其中 $u_c(t)$ 和 $i_L(t)$ 分别为电容电压和电感电流。因此,图 1.2 中的模型可以用如下动力学模型表示:

$$L \frac{i_L(t)}{\mathrm{d}t} + u_c(t) + R_1 i_L(t) = u(t)$$

$$C(r_t) \frac{\mathrm{d}u_c(t)}{\mathrm{d}t} + \frac{u_c(t)}{R_2} = i_L(t)$$

通过定义 $x(t) = [x_1^{\mathrm{T}}(t) \ x_2^{\mathrm{T}}(t)]^{\mathrm{T}}$,得到形式上的状态空间系统:

$$\dot{x}(t) = \begin{bmatrix} -\dfrac{1}{C(r_t)R_2} & \dfrac{1}{C(r_t)} \\ -\dfrac{1}{L} & -\dfrac{R_1}{L} \end{bmatrix} x(t) + \begin{bmatrix} 0 \\ \dfrac{1}{L} \end{bmatrix} u(t)$$

上述状态空间方程给出了由随机系统建模的具有多模态性质的物理系统的形式。

马尔可夫跳变系统(Markovian jumping system,MJS)作为一类重要的随机混杂系统,由于其广泛的建模适用性,引起了众多学者的关注。不仅如此,大量的研究成果已经扩展到电力系统、制造系统、通信系统、核电站控制、飞行器控制、无线伺服控制等各种社会生产过程中[48-51]。自 Krasovskii 和 Lidskii[52] 提出 MJS 描述随机跳变系统以来,大量学者在此类系统的各项性能指标分析和综合控制方面给出了许多重要的理论成果。这些理论成果不仅推动了控制理论的发展,也为社会经济效益的提高做出了巨大贡献。

定义 1.1[53]

随机序列 $\{X(t, n \geq 0), t \geq 0\}$ 是马尔可夫链,如果对所有 $i_0, i_1, \cdots, i_n, i_{n+1} \in S, n \in \mathbb{N}$ 和 $\mathrm{Pr}\{X_{n+1} = i_{n+1} | X_0 = i_0, X_1 = i_1, \cdots, X_n = i_n\} > 0$,满足

$$\mathrm{Pr}\{X_{n+1} = i_{n+1} | X_0 = i_0, X_1 = i_1, \cdots, X_n = i_n\} = \mathrm{Pr}\{X_{n+1} = i_{n+1} | X_n = i_n\}$$

$$(1.2)$$

定义 1.2[54]

如果一个马氏链$\{X(t,n\geqslant 0),t\geqslant 0\}$的概率(1.2)不依赖于$n$,并且在其他情况下是非齐次的,那么它是齐次的。

在完备概率空间$(\Omega,\mathcal{F},\mathcal{P})$上,考虑如下线性 MJS:

$$\begin{cases} \dot{x}(t)=A(r_t)x(t)+B(r_t)u(t) \\ x(t)=\varphi(t) \end{cases} \tag{1.3}$$

其中,$x(t)$是系统状态向量,$A(r_t)$和$B(r_t)$是相容维数依赖于r_t的系统矩阵,$\{r_t,t\geqslant 0\}$是取值于有限空间$S=\{1,2,\cdots,s\}$的连续时间齐次的马尔可夫过程。马尔可夫过程$\{r_t,t\geqslant 0\}$的演化由以下概率转移控制:

$$\Pr\{r_{t+h}=j|r_t=i\}=\begin{cases} \pi_{ij}h+o(h),i\neq j \\ 1+\pi_{ij}h+o(h),i=j \end{cases}$$

式中:$h>0$且$\dfrac{o(h)}{h}=0$;$\pi_{ij}>0,i\neq j$,为模式i从时刻t到$t+h$时刻转换为模式j的转移率,且对所有$i\in S$满足$\pi_{ij}=-\sum\limits_{j\neq i}\pi_{ij}<0$。

定义 1.3[55-56]

对于线性 MJS(1.3),对于所有初始条件x_0,r_0,有以下定义。

(1)如果满足

$$\lim_{t\to+\infty}\mathrm{E}\left\{\int_0^l\parallel x(s)\parallel^2\mathrm{d}s\mid x_0,r_0\right\}<+\infty$$

则称系统(1.3)是随机稳定的。

(2)如果满足

$$\lim_{t\to+\infty}\mathrm{E}\{\parallel x(t,x_0,r_0)\parallel^2\}=0$$

则系统(1.3)是均方渐近稳定的。

(3)若对任意参数$a>0$和$b>0$,满足

$$\mathrm{E}\{\parallel x(t,x_0,r_0)\parallel^2\}<a\parallel x_0\parallel^2\mathrm{e}^{-bt}$$

则称系统(1.3)是均方指数稳定的。

(4)如果满足

$$\mathrm{Pr}\left\{ \lim_{t\to+\infty} \mathrm{E}\left\{\ \|\ x(t,x_0,r_0)\ \|\ \right\} = 0 \right\} = 1$$

则称系统(1.3)是几乎必然(渐近)稳定的。

引理 1.1[57]

如果存在正定矩阵P_i使得下列条件成立,则线性 MJS(1.3)是随机稳定的。

$$P_i A_i + A_i^{\mathrm{T}} P_i + \sum_{j=1}^{s} \pi_{ij} P_j < 0$$

1.2.2　半马尔可夫跳变系统的描述

值得注意的是,使用马尔可夫随机过程或马尔可夫链来建模随机跳变系统具有很大的优势。然而,在当前的社会节奏和科技创新速度下,特别是计算机技术与人工智能结合的快速发展,对物理系统建模的适宜性需求更加严格。在传统的马尔可夫模型中,马尔可夫随机过程诱导的转移速率是一个常数,这源于其模态的驻留时间服从无记忆的指数分布。然而,驻留时间独特的指数分布也极大地限制了 MJS 在特定领域的有效性。因此,针对 MJS 的一些理论和算法研究成果不能有效地应用于某些社会工业生产。最近,利用半马尔可夫参数的随机跳变系统引起了许多学者[58-59]的关注,因为 S-MJS 放松了模态驻留时间分布服从指数分布但服从更一般分布的限制,如高斯分布[60]和威布尔分布[61],进一步拓展了物理系统的分析与综合。从随机系统建模的角度来看,MJS 与 S-MJS 具有很大的相似性,对 S-MJS 的理论研究可以在一定程度上借鉴应用于 MJS 的成果和技术方法。然而,S-MJS 的转移速率(transition rate,TR)是时变的。因此,主要的注意力集中在时变 TR 对整个系统性能指标的影响以及控制设计的机理上。目前,与 MJS 相比,S-MJS 的研究还没有一套成熟一致的理论基础。本书试图为此做出一些努力。

一般地,在连续时间随机跳变系统中,逗留时间是两个跳变之间的时间间隔。例如,逗留时间 h 是服从连续概率分布 F 的随机变量;在 MJS 中 F 是指数分布。相应地,转移速率 $\lambda_{ij}(h)$ 指系统从模式 i 跳到模式 j 的速度,它在很大程度上由 F 决定。例如,若 F 是指数分布,则 $\lambda_{ij}(h) \equiv \lambda_{ij}$ 是一个常数,这源于指数分布的无记忆性质,正如文献[62]所指出的,只有连续时间概率分布中的指数分布具有无记忆性,这表明随机过程的跳变速度与过去无关。因此,使用 MJS 对随机系统建模要求系统的转移速率与过去无关。由于逗留时间服从指数分布,因此模态 i 到模态 j 的转移速率是常数,即

$$\lambda_{ij} = \frac{f_{ij}(t)}{1 - F_{ij}(t)} = \frac{\lambda_{ij}\mathrm{e}^{-\lambda_{ij}t}}{1 - (1 - \mathrm{e}^{-\lambda_{ij}t})} = \lambda_{ij}$$

其中,$f_{ij}(t)$ 为模式 i 到模式 j 的概率分布函数,$F_{ij}(t)$ 为对应的累积分布函数。

例如,对于半马尔可夫过程,驻留时间的概率分布服从威布尔分布:对于给定的形状参数 $\alpha > 0$ 和尺度参数 $\beta > 0$,概率分布函数为

$$f(h) = \begin{cases} \dfrac{\alpha}{\beta^{\alpha}} h^{\alpha-1} \exp\left[-\left(\dfrac{h}{\beta}\right)^{\alpha} \right], & h \geqslant 0 \\ 0, & h < 0 \end{cases}$$

已知累积分布函数为

$$F(h) = \begin{cases} 1 - \exp\left[-\left(\dfrac{h}{\beta}\right)^{\alpha} \right], & h \geqslant 0 \\ 0, & h < 0 \end{cases}$$

因此,转移速率函数可以计算为

$$\lambda(h) = \frac{f(h)}{1 - F(h)} = \frac{\alpha}{\beta^{\alpha}} h^{\alpha-1}$$

由于松弛的结果,MJS 中的无记忆性质在 S–MJS 中不存在,因此转移率在 S–MJS 中不是常数。这成为 S–MJS 随机稳定性分析的主要技术难点。同时,我们可以看到 MJS 是一类特殊的 S–MJS,其中 $\alpha = 1$。

在完备概率空间 $(\Omega, \mathcal{F}, \mathcal{P})$ 上,考虑如下线性半马尔可夫系统 S–MJS:

$$\begin{cases} \dot{x}(t) = A(r_t)x(t) + B(r_t)u(t) \\ x(t) = \varphi(t) \end{cases} \tag{1.4}$$

其中，$x(t)$ 是系统状态向量，$A(r_t)$ 是相容维数依赖于 r_t 的系统矩阵 r_t。$\{r_t, t \geq 0\}$ 是在有限空间 $S = \{1, 2, \cdots, s\}$ 中取值的连续时间齐次半马尔可夫过程。

定义 1.4[63]

半马尔可夫过程 $\{r_t, t \geq 0\}$ 的演化由以下概率转移控制：

$$\Pr\{r_{t+h} = j \mid r_t = i\} = \begin{cases} \pi_{ij}(h)h + o(h), & i \neq j \\ 1 + \pi_{ij}(h)h + o(h), & i = j \end{cases}$$

其中，$h > 0$ 且 $\lim\limits_{h \to 0} \dfrac{o(h)}{h} = 0, \pi_{ij}(h) > 0, m \neq n$ 是 t 时刻的 m 模态到 $t+h$ 时刻的 n 模态的转移率，且对所有 $i \in S$ 有 $\pi_{ii}(h) = -\sum\limits_{j \neq i} \pi_{ij}(h) < 0$。

此外，对于系统(1.4)，我们有如下引理。

引理 1.2[63]

如果存在正定矩阵，则线性 S - MJS(1.4)是随机稳定的，P_i 满足如下条件：

$$P_i A_i + A_i^{\mathrm{T}} P_i + \sum_{j=1}^{s} \pi_{ij}(h) P_j < 0$$

基于上述引理，人们提出了大量的研究成果。文献[64-65]提出了一类驻留时间服从相位型分布的相位型 S - MJS 的稳定性分析。文献[66]采用 LMI 方法讨论了 S - MJS 的随机稳定性和鲁棒状态反馈镇定问题。文献[63]利用分段的方法将系统的时变转移速率分成 M 等份，给出了系统随机稳定性的新判据，大大降低了结论的保守性。文献[67-68]分别研究了线性 S - MJS 的广义矩稳定性和随机镇定问题。文献[69]系统地提出了 S - MJS 的随机稳定性分析、基于状态估计的 SMC 设计、输出反馈定量控制分析、滤波设计和故障诊断。Zhang 等[70]利用半马尔可夫核方法研究了线性离散时间 S - MJS 的随机稳定性和镇定问题。文献[71]通过矩阵谱半径分析，给出了正 S - MJS 的随机稳定性分析。在文献[72]中，SMC 方法被应用于研究存在执行器故障的 S – MJS 的被动控制,其中的研究一般基于不确定的转移速率。文献[73]等研究了半马尔可夫模型在复杂动态网络集群同步牵引控制中的应用。许多学者对 S – MJS 的 SMC 研究做出了贡献,如文献[74 – 79]针对具有时变时滞的 S – MJS 或 S – MJS,提出了滑模观测器设计、自适应律设计和带有切换规则的自适应 SMC 策略。关于 S – MJS 的其他研究,如基于神经网络的滤波设计、随机同步分析、容错控制和有限时间控制等,请参考文献[80 – 87]及其他文献。

对于 S – MJS,由于转移率是时变的,难以分析系统的性能指标,可能表现出较高的非线性。一些学者对此问题进行了深入研究。例如,在文献[63]中,作者设定了时变转移速率的上界和下界值,然后利用已知的上界和下界分别给出了随机稳定性准则。沿用该方法,文献[88]通过线性组合函数将时变转移速率线性化。在文献[83]中,作者假设系统模态的驻留时间服从完全已知的概率分布,如高斯分布和威布尔分布等,从而得到已知的转移速率矩阵,基于此得到检验随机稳定性的准则条件。更一般地,文献[89]首次给出了具有不确定转移速率和部分未知转移速率的广义 S – MJS 的随机可容许性,为后续 S – MJS 的理论研究和推广奠定了坚实的基础。然而,文献[89]还存在一些不足:例如,如何处理从一个模态到其他模态的跳变信息完全未知时的稳定性和镇定问题。因此,对 S – MJS 的研究有待进一步探讨。

1.3 本书预览

本书内容安排如下:

第 1 章给出了本书的研究背景、动机和研究问题,主要涉及连续时间和离散时间的 SMC 方法、MJS 和 S – MJS 的应用和建模。综述了 SMC 方法的基本理论,包括一些基本概念、滑模面设计、滑模控制器设计和抖振问题。然后,概述了 S – MJS 的最新进展,包括与 MJS 的比较和 S – MJS 的最新结果。最后,总结本书的主要贡献,并给出本书的提纲。

第 2 章致力于为半马尔可夫跳变线性系统(semi – Markovian jump linear system, S – MJLS)的随机稳定性分析提供进一步的判据,其中将研究更一般的转移率。众所周知,时变 TR 是 S – MJLS 分析中需要考虑的关键问题之一。因此,本章将研究几乎覆盖所有类型的 TR 的一般情况,特别是对于从一种模式到另一种模式的跳变信息完全未知的类型,这在以前的研究中还没有涉及。借助随机泛函理论,通过线性矩阵不等式形式结合最大值优化算法,给出了系统随机稳定性的充分条件。最后,通过数值算例验证所得结果的正确性和有效性。

第 3 章研究了具有半马尔可夫切换的连续非线性模糊系统的鲁棒模糊 SMC 问题。重点是在不假设输入矩阵全列秩相同的情况下,设计一种新的模糊积分滑模面,然后开发一种基于随机稳定性的模糊滑模控制器。在李雅普诺夫理论的基础上,建立了滑模动力学具有一般不确定跃迁率的随机稳定性的 LMI 条件,并将其推广到输入矩阵与规则无关的情况下。此外,所提出的模糊滑模控制律也保证了滑动面的有限时间可达性。最后给出了一个算例,数值验证了该方法的有效性。

第 4 章利用模糊方法研究了具有不可测前提变量的连续时间 S – MJS 系统的有限时间 SMC 问题。首先,基于模糊观测器构造整体滑模曲面;其次,综合了基于观测器的 SMC 律,保证了预定滑模面在规定时间内有限时间可达;再次,通过有限时间有界性分析,分别在到达阶段和滑动运动阶段进行所需的有界性性能分析。此外,建立了线性矩阵不等式的充分条件,以保证整个闭环控制系统在过渡速率不确定的两个阶段同时具有所需的有界性。最后,通过一个算例数值验证了所提出方法的有效性。

第 5 章研究了具有半马尔可夫切换和不可测前提变量的非线性模糊系统的观测器自适应 SMC 问题。该模型描述了更一般的非线性系统,因为前提变量的选择是系统的状态。首先,在观测器空间上提出一种新的积分滑模面函数;然后根据估计的前提变量得到滑模动力学和误差动力学模型。其次,基于一般不确定的跃迁率,得到了滑模动力学在不同输入矩阵下具有H_∞性能干扰衰减水平γ的随机稳定性的充分条件。再次,综合基于观测器的自适应控制器,以保证预定滑模面的有限时间可达性。最后,通过单连杆机械臂模型对控制方案进行了数值验证。

第6章针对大型半马尔可夫跳变互联系统的镇定问题,提出了一种分散自适应 SMC 方案。该方案考虑了输入的死区线性和子系统之间的未知相互关系。通过设计各子系统的整体滑模面,得到了系统的局部滑模动力学,具有良好的动力学性能。基于 LMI 技术,建立了滑模动力学在一般不确定跃迁速率下的随机稳定性检验的充分条件。所提出的局部自适应滑模律不仅保证了滑模面有限时间可达性,而且补偿了输入盲区非线性和子系统间未知相互关系的影响。最后通过一个算例验证了该控制方案的有效性。

第7章讨论了非线性开关半马尔可夫跳变时滞系统的 SMC 设计问题。通过选择一个线性切换面函数,我们首先得到了降阶滑模动力学。其次,通过检验一组新的条件,分析了具有一般不确定跃迁率的滑模动力学的性质。在此基础上,构造了自适应 SMC 律,以保证有限时间到达条件。最后,通过算例验证了所提方法的有效性。

1.4　一些必要的定义和引理

引理 1.3[90]

考虑一个对称矩阵 Q,使得

$$Q = \begin{bmatrix} Q_{11} & Q_{12} \\ Q_{21} & Q_{22} \end{bmatrix}$$

$\|Q\| > 0$,当且仅当

$$\begin{cases} Q_{11} > 0 \\ Q_{22} - Q_{12}^{\mathrm{T}} Q_{11}^{-1} Q_{12} > 0 \end{cases}$$

或

$$\begin{cases} Q_{22} > 0 \\ Q_{11} - Q_{12}Q_{11}^{-1}Q_{12}^{\mathrm{T}} > 0 \end{cases}$$

引理 1.4[91]

给定任意实数 ε 和任意方阵 R，得到矩阵不等式

$$\varepsilon(R + R^{\mathrm{T}}) \leqslant \varepsilon^2 F + RF^{-1}R^{\mathrm{T}}, F > 0$$

引理 1.5[92]

对于任意向量 $x, y \in \mathbb{R}^n, 0 < P < \mathbb{R}^{n \times n}, D \in \mathbb{R}^{n \times n_f}, E \in \mathbb{R}^{n \times n_f}$ 和 $F(t) \in \mathbb{R}^{n_f \times n_f}$ 满足 $F^{\mathrm{T}}(t)F(t) \leqslant I$；则对任意的标量 $\varepsilon > 0$ 和矩阵 Q，下列不等式成立：

(1) $2 x^{\mathrm{T}}y \leqslant x^{\mathrm{T}}Px + y^{\mathrm{T}}P^{-1}y$；

(2) $Q + DF(t)E + E^{\mathrm{T}}F^{\mathrm{T}}(t)D^{\mathrm{T}} \leqslant Q + \varepsilon^{-1}DD^{\mathrm{T}} + \varepsilon E^{\mathrm{T}}E$。

定义 1.5[93]

给定李雅普诺夫函数 $V(x(t), r_t, t \geqslant 0)$，它在 $x(t)$ 上二次可微，则其无穷小算子 $\mathcal{L}V(x(t), r_t)$ 定义为

$$\mathcal{L}V(x(t), r_t) = \lim_{\delta \to 0} \frac{E\{V(x(t+\delta), r_{t+\delta}) \mid x(t), r_t = m\} - V(x(t), m)}{\delta}$$

1.5 缩写及注释

$\mathbb{Z}$：整数集。

$\mathbb{R}^n, \mathbb{R}^{n \times m}$：$n$ 维实数向量或 $n \times m$ 实数矩阵的域。

Ω：样本空间。

$\mathcal{F}$：σ 代数。

$\mathcal{P}$：概率测度。

$(\Omega, \mathcal{F}, \mathcal{P})$：完备概率空间。

$E\{\cdot\}$：关于概率测度的期望算子。

$\mathcal{L}\{\cdot\}$：李雅普诺夫函数的无穷小算子。

$\mathbf{L}_2[0, +\infty)$：上平方可积函数的$[0, +\infty)$空间。

$\|P\| > 0 (P \geq 0) P$：对称正（半正）定矩阵。

$P - Q$：对称正定矩阵。

A^{T}或A：矩阵A的转置或逆。

I或0：单位矩阵或具有适当维数的零矩阵。

$\varnothing$：空集。

$|\cdot|$：欧几里得向量范数。

$\|\cdot\|$：欧几里得矩阵范数（谱范数）。

$\|\cdot\|_2$：$\mathbf{L}_2$ - 范数。

$\forall$：任意。

$\triangleq$：定义。

$*$：矩阵的对称项。

$\mathrm{tr}(A)$：方阵A的迹。

$\mathrm{rank}(A)$：矩阵A的秩。

$\mathrm{diag}(\alpha_1, \alpha_2, \cdots, \alpha_n)$：含有对角元素$\alpha_1, \alpha_2, \cdots, \alpha_n$的对角矩阵。

$\mathrm{sgn}\{\cdot\}$：符号函数。

$\det(\cdot)$：矩阵行列式。

$\min(\cdot)$或$\max(\cdot)$：取矩阵的最大或最小值。

$\lambda_{\min}(\cdot)$或$\lambda_{\max}(\cdot)$：矩阵的最小或最大特征值。

$\mathrm{He}(P)$：$P + P^{\mathrm{T}}$。

$\lim$：求极限。

$\sup$：上界。

$\inf$：下界。

参考文献

[1] S. V. Emelyanov, *Variable Structure Control Systems*, Moscow: Nauka (in Russia), 1970.

[2] Y. Itkis, *Control Systems of Variable Structure*. New York: Wiley, 1976.

[3] A. Khalid, J. X. Xu, and X. Yu, On the discrete-time integral sliding-mode control, *IEEE Transactions on Automatic Control*, Vol. 52, No. 4, pp. 709–715, 2007.

[4] S. V. Drakunov, V. I. Utkin, On discrete-time sliding modes, Preprints of the IFAC Symposium on Nonlinear Control System Design, 1989. Pergamon, 1990, pp. 273–278.

[5] J. A. Burton and A. S. I. Zinober, Continuous approximation of variable structure control, *International Journal of Systems Science*, Vol. 17, No. 6, pp. 875–885, 1986.

[6] S. C. Y. Chung and C. L. Lin, A transformed Lure problem for sliding mode control and chattering reduction, *IEEE Transactions on Automatic Control*, Vol. 44, No. 3, pp. 563–568, 1999.

[7] V. Parra-Vega and G. Hirzinger, Chattering-free sliding mode control for a class of nonlinear mechanical systems, *International Journal of Robust and Nonlinear Control: IFAC – Affiliated Journal*, Vol. 11, No. 12, pp. 1161–1178, 2001.

[8] W. Gao, Theory and Design Method of Variable Structure Control, Beijing: Science and Technology Press, 1996.

[9] J. Xu, Y. Pan and T. Lee, A gain scheduled sliding mode control scheme using filtering techniques with applications to multilink robotic manipulators, *Journal of Dynamic Systems, Measurement, and Control*, Vol. 122, No. 4, pp. 641–649, 2000.

[10] Y. Kim, Y. Han and W. You, Disturbance observer with binary control theory, *PESC Record. 27th Annual IEEE Power Electronics Specialists Conference. IEEE*, Vol. 2, pp. 1229–1234, 1996.

[11] Y. Eun, J. Kim, K. Kim, et al., Discrete-time variable structure controller with a decoupled disturbance compensator and its application to a CNC servomechanism, *IEEE Transactions on Control Systems Technology*, Vol. 7, No. 4, pp. 414–423, 1999.

[12] A. J. Koshkouei, K. J. Burnham and A. S. I. Zinober, Dynamic sliding mode control design, *IEE Proceedings-Control Theory and Applications*, Vol. 152, No. 4, pp. 392–396, 2005.

[13] M. Zribi, H. Sira-Ramirez and A. Ngai, Static and dynamic sliding mode control schemes for a permanent magnet stepper motor, *International Journal of Control*, Vol. 74, No. 2, pp. 103–117, 2001.

[14] J. Lo and Y. Kuo, Decoupled fuzzy sliding-mode control, *IEEE Transactions on Fuzzy Systems*, Vol. 6, No. 3, pp. 426–435, 1998.

[15] X. Yu, Z. Man and B. Wu, Design of fuzzy sliding-mode control systems, *Fuzzy Sets and Systems*, Vol. 95, No. 3, pp. 295–306, 1998.

[16] K. Jezernik, M. Rodič and B. Curk, Neural network sliding mode robot control, *Robotica*, Vol. 15, No. 1, pp. 23–30, 1997.

[17] Y. Li, K. C. Ng, D. J. Murray-Smith, et al. Genetic algorithm automated approach to the design of sliding mode control systems, *International Journal of Control*, Vol. 63, No. 4, pp. 721–739, 1996.

[18] M. J. Mahmoodabadi, M. Taherkhorsandi, M. Talebipour, et al. Adaptive robust PID control subject to supervisory decoupled sliding mode control based upon genetic algorithm optimization, *Transactions of the Institute of Measurement and Control*, Vol. 37, No. 4, pp. 505–514, 2015.

[19] J. Yang, S. Li and X. Yu, Sliding-mode control for systems with mismatched uncertainties via a disturbance observer, *IEEE Transactions on Industrial Electronics*, Vol. 60, No. 1, pp. 160–169, 2012.

[20] H. H. Choi, An explicit formula of linear sliding surfaces for a class of uncertain dynamic systems with mismatched uncertainties, *Automatica*, Vol. 34, No. 8, pp. 1015–1020, 1998.

[21] F. Harashima, H. Hashimoto and K. Maruyama, Sliding mode control of manipulator with time-varying switching surfaces, *Transactions of the Society of Instrument and Control Engineers*, Vol. 22, No. 3, pp. 335–342, 1986.

[22] Y. Niu, D. W. C. Ho and J. Lam, Robust integral sliding mode control for uncertain stochastic systems with time-varying delay, *Automatica*, Vol. 41, No. 5, pp. 873–880, 2005.

[23] Y. Feng, X. Yu and Z. Man, Non-singular terminal sliding mode control of rigid manipulators, *Automatica*, Vol. 38, No. 12, pp. 2159–2167, 2002.

[24] H. Pang and G. Tang, Global robust optimal sliding mode control for a class of uncertain linear systems, 2008 *Chinese Control and Decision Conference. IEEE*, pp. 3509–3512, 2008.

[25] K. Furuta, Sliding mode control of a discrete system, *Systems & Control Letters*, Vol. 14, No. 2, pp. 145–152, 1990.

[26] X. Su, X. Liu, P. Shi, et al. Sliding mode control of discrete-time switched systems with repeated scalar nonlinearities, *IEEE Transactions on Automatic Control*, Vol. 62, No. 9, pp. 4604–4610, 2016.

[27] D. Ginoya, P. Shendge and S. Phadke, Sliding mode control for mismatched uncertain systems using an extended disturbance observer, *IEEE Transactions on Industrial Electronics*, Vol. 61, No. 4, pp. 1983–1992, 2013.

[28] C. Wen and C. Cheng, Design of sliding surface for mismatched uncertain systems to achieve asymptotical stability, *Journal of the Franklin Institute*, Vol. 345, No. 8, pp. 926–941, 2008.

[29] L. Wu, X. Su and P. Shi, Sliding mode control with bounded L_2 gain performance of Markovian jump singular time-delay systems, *Automatica*, Vol. 48, No. 8, pp. 1929–1933, 2012.

[30] X. Zhao, H. Yang, W. Xia, et al. Adaptive fuzzy hierarchical sliding-mode control for a class of MIMO nonlinear time-delay systems with input saturation, *IEEE Transactions on Fuzzy Systems*, Vol. 25, No. 5, pp. 1062–1077, 2016.

[31] Y. Feng, X. Yu and F. Han. On nonsingular terminal sliding-mode control of nonlinear systems, *Automatica*, Vol. 49, No. 6, pp. 1715–1722, 2013.

[32] J. Yang, J. Wu and A. K. Agrawal, Sliding mode control for nonlinear and hysteretic structures, *Journal of Engineering Mechanics*, Vol. 121, No. 12, pp. 1330–1339, 1995.

[33] L. Wu, Y. Gao, J. Liu, et al. Event-triggered sliding mode control of stochastic systems via output feedback, *Automatica*, Vol. 82, pp. 79–92, 2017.

[34] M. Liu, L. Zhang, P. Shi P, et al., Robust control of stochastic systems against bounded disturbances with application to flight control, *IEEE transactions on Industrial Electronics*, Vol. 61, No. 3, pp. 1504–1515, 2013.

[35] F. Plestan, Y. Shtessel, V. Bregeault, et al., New methodologies for adaptive sliding mode control, *International Journal of Control*, Vol. 83, No. 9, pp. 1907–1919, 2010.

[36] G. Bartolini, A. Ferrara and V. I. Utkin, Adaptive sliding mode control in discrete-time systems, *Automatica*, Vol. 31, No. 5, pp. 769–773, 1995.

[37] H. Li, P. Shi, D. Yao, et al. Observer-based adaptive sliding mode control for nonlinear Markovian jump systems, *Automatica*, Vol. 64, pp. 133–142, 2016.

[38] J. Liu, S. Vazquez, L. Wu, et al. Extended state observer-based sliding-mode control for three-phase power converters, *IEEE Transactions on Industrial Electronics*, Vol. 64, No. 1, pp. 22–31, 2016.

[39] Y. Guo and P. Y. Woo, An adaptive fuzzy sliding mode controller for robotic manipulators, *IEEE Transactions on Systems, Man, and Cybernetics-Part A: Systems and Humans*, Vol. 33, No. 2, pp. 149–159, 2003.

[40] M. Y. Hsiao, T. H. S. Li, J. Z. Lee, et al. Design of interval type-2 fuzzy sliding-mode controller, *Information Sciences*, Vol. 178, No. 6, pp. 1696–1716, 2008.

[41] B. S. Park, S. J. Yoo, J B. Park, et al. Adaptive neural sliding mode control of nonholonomic wheeled mobile robots with model uncertainty, *IEEE Transactions on Control Systems Technology*, Vol. 17, No. 1, pp. 207–214, 2008.

[42] P. Lin, C. F. Hsu, T. T. Lee, et al. Robust fuzzy-neural sliding-mode controller design via network structure adaptation, *IET Control Theory & Applications*, Vol. 2, No. 12, pp. 1054–1065, 2008.

[43] B. Beltran, T. Ahmed-Ali and M. Benbouzid, High-order sliding-mode control of variable-speed wind turbines, *IEEE Transactions on Industrial Electronics*, Vol. 56, No. 9, pp. 3314–3321, 2008.

[44] V. I. Utkin, Discussion aspects of high-order sliding mode control, *IEEE Transactions on Automatic Control*, Vol. 61, No. 3, pp. 829–833, 2015.

[45] Y. Xia, Z. Zhu and M. Fu. Back-stepping sliding mode control for missile systems based on an extended state observer, *IET Control Theory & Applications*, Vol. 5, No. 1, pp. 93–102, 2011.

[46] S. Dadras, S. Dadras and H. R. Momeni, Linear matrix inequality based fractional integral sliding-mode control of uncertain fractional-order nonlinear systems, *Journal of Dynamic Systems, Measurement, and Control*, Vol. 139, No. 11, pp. 1–7 2017.

[47] J. Liu and X. Wang, *Advanced Sliding Mode Control for Mechanical Systems*, Beijing: Springer, 2012.

[48] V. Ugrinovskii and H. R. Pota, Decentralized control of power systems via robust control of uncertain Markov jump parameter systems, *International Journal of Control*, Vol. 78, No. 9, pp. 662–677, 2005.

[49] C. Andrieu, M. Davy and A. Doucet, Efficient particle filtering for jump Markov systems. Application to time-varying autoregressions, *IEEE Transactions on Signal Processing*, 2003, Vol. 51, No. 7, pp. 1762–1770, 2003.

[50] J. Bai and P. Wang, Conditional Markov chain and its application in economic time series analysis, *Journal of Applied Econometrics*, Vol. 26, No. 5, pp. 715–734, 2011.

[51] R. S. Ellis, Large deviations for the empirical measure of a Markov chain with an application to the multivariate empirical measure, *The Annals of Probability*, Vol. 16, No. 4, pp. 1496–1508, 1988.

[52] N. N. Krasovskii, and E. A. Lidskii, Analysis design of controllers in systems with random attributes. *Part I. Automation and Remote Control*, Vol. 22, pp. 1021–1025, 1961.

[53] J. G. Kemeny and J. L. Snell, Markov Chains, New York: Springer-Verlag, 1976.

[54] O. L. D. Valle Costa, M. D. Fragoso and M. G. Todorov, *Continuous-time Markov Jump Linear Systems*, Berlin Heidelberg: Springer Science & Business Media, 2012.

[55] L. Hu, P. Shi and P. M. Frank, Robust sampled-data control for Markovian jump linear system Berlin Heidelberg s, *Automatica*, Vol. 42, No. 11, pp. 2025–2030, 2006.

[56] F. Kozin, On relations between moment properties and almost sure Lyapunov stability for linear stochastic systems, *Journal of Mathematical Analysis and Applications*, Vol. 10, No. 11, pp. 324–353, 1965.

[57] E. K. Boukas, *Stochastic Switching Systems: Analysis and Design*, Boston, MA: Birkhäuser, 2007.

[58] J. Janssen and R. Manca, *Applied Semi-Markov Processes*, Boston, MA: Springer Science & Business Media, 2006.

[59] V. S. Barbu and N. Limnios, *Semi-Markov Chains and Hidden Semi-Markov Models Toward Applications:Their Use in Reliability and DNA Analysis*, New York: Springer Science & Business Media, 2009.

[60] J. Wang, A. Hertzmann and D. J. Fleet, Gaussian process dynamical models, in Y. Weiss *and* B. Schölkopf *and* J. Platt (Eds.), Advances in Neural Information Processing Systems, pp. 1441–1448, 2006.

[61] H. Rinne, *The Weibull Distribution: A Handbook*, Boca Raton: Chapman and Hall/CRC, 2008.

[62] S. M. Ross, Introduction to Probability Models. London: Academic Press, 2006.

[63] J. Huang and Y. Shi, H∞ state-feedback control for semi-Markov jump linear systems with time-varying delays, *Journal of Dynamic Systems, Measurement, and Control*, Vol. 135, No. 4, ArticleID 041012, 2013.

[64] Z. Hou, J. Luo, P. Shi P, et al. Stochastic stability of Itô differential equations with semi-Markovian jump parameters, *IEEE Transactions on Automatic Control*, Vol. 51, No. 8, pp. 1383–1387, 2006.

[65] Z. Hou, J. Luo and P. Shi, Stochastic stability of linear systems with semi-Markovian jump parameters, *The ANZIAM Journal*, Vol. 46, No. 3, pp. 331–340, 2005.

[66] J. Huang and Y. Shi, Stochastic stability and robust stabilization of semi-Markov jump linear systems, *International Journal of Robust and Nonlinear Control*, Vol. 23, No. 18, pp. 2028–2043, 2013.

[67] S. H. Kim, Stochastic stability and stabilization conditions of semi-Markovian jump systems with mode transition-dependent sojourn-time distributions, *Information Sciences*, Vol. 385, pp. 314–324, 2017.

[68] H. Schioler, M. Simonsen and J. Leth, Stochastic stability of systems with semi-Markovian switching, *Automatica*, Vol. 50, No. 11, pp. 2961–2964, 2014.

[69] F. Li, P. Shi and L. Wu, *Control and Filtering For Semi-Markovian Jump Systems*, Cham: Springer, 2017.

[70] L. Zhang, Y. Leng and P. Colaneri, Stability and stabilization of discrete-time semi-Markov jump linear systems via semi-Markov kernel approach, *IEEE Transactions on Automatic Control*, Vol. 61, No. 2, pp. 503–508, 2016.

[71] M. Ogura and C. F. Martin, Stability analysis of positive semi-Markovian jump linear systems with state resets, *SIAM Journal on Control and Optimization*, Vol. 52, No. 3, pp. 1809–1831, 2014.

[72] B. Jiang, Y. Kao, C. Gao, et al. Passification of uncertain singular semi-Markovian jump systems with actuator failures via sliding mode approach, *IEEE Transactions on*

Automatic Control, Vol. 62, No. 8, pp. 4138–4143, 2017.

[73] T. H. Lee, Q. Ma, S. Xu, et al. Pinning control for cluster synchronisation of complex dynamical networks with semi-Markovian jump topology, *International Journal of Control*, Vol. 88, No. 6, pp. 1223–1235, 2015.

[74] F. Li, L. Wu, P. Shi, et al. State estimation and sliding mode control for semi-Markovian jump systems with mismatched uncertainties, *Automatica*, Vol. 51, pp. 385–393, 2015.

[75] Y. Wei, J. H. Park, Qiu J, et al. Sliding mode control for semi-Markovian jump systems via output feedback, *Automatica*, Vol. 81, pp. 133–141, 2017.

[76] Q. Zhou, D. Yao, J. Wang, et al. Robust control of uncertain semi-Markovian jump systems using sliding mode control method, *Applied Mathematics and Computation*, Vol. 286, pp. 72–87, 2016.

[77] W. Qi, J. H. Park, J. Cheng, et al. Robust stabilisation for non-linear time-delay semi-Markovian jump systems via sliding mode control, *IET Control Theory & Applications*, Vol. 11, No. 10, pp. 1504–1513, 2017.

[78] W. Qi, G. Zong and H. R. Karimi. Observer-based adaptive SMC for nonlinear uncertain singular semi-Markov jump systems with applications to DC motor, *IEEE Transactions on Circuits and Systems I: Regular Papers*, Vol. 65, No. 9, pp. 2951–2960, 2018.

[79] B. Jiang, H. R. Karimi, Y. Kao, et al. Reduced-order adaptive sliding mode control for nonlinear switching semi-Markovian jump delayed systems, *Information Sciences*, Vol. 477, pp. 334–348, 2019.

[80] F. Li, P. Shi, L. Wu, et al. Quantized control design for cognitive radio networks modeled as nonlinear semi-Markovian jump systems, *IEEE Transactions on Industrial Electronics*, Vol. 62, No. 4, pp. 2330–2340, 2015.

[81] P. Shi, F. Li, L. Wu, et al. Neural network-based passive filtering for delayed neutral-type semi-Markovian jump systems, *IEEE Transactions on Neural Networks and Learning Systems*, Vol. 28, No. 9, pp. 2101–2114, 2017.

[82] F. Li, L. Wu and P. Shi, Stochastic stability of semi-Markovian jump systems with mode-dependent delays, *International Journal of Robust and Nonlinear Control*, Vol. 24, No. 18, pp. 3317–333, 2014.

[83] Y. Wei, J. H. Park, H.R. Karimi, et al. Improved stability and stabilization results for stochastic synchronization of continuous-time semi-Markovian jump neural networks with time-varying delay, *IEEE Transactions on Neural Networks and Learning Systems*, Vol. 29, No. 6, pp. 2488–2501, 2018.

[84] Y. Wei, J. Qiu, H. R. Karimi, et al. A novel memory filtering design for semi-Markovian jump time-delay systems, *IEEE Transactions on Systems, Man, and Cybernetics: Systems*, Vol. 48, No. 12, pp. 2229–2241, 2018.

[85] L. Chen, X. Huang, and S. Fu, Observer-based sensor fault-tolerant control for semi-Markovian jump systems, *Nonlinear Analysis: Hybrid Systems*, Vol. 22, pp. 161–177, 2016.

[86] K. Liang, M. Dai, H. Shen, et al. $L_2 - L_\infty$ synchronization for singularly perturbed complex networks with semi-Markov jump topology, *Applied Mathematics and Computation*, Vol. 321, pp. 450–462, 2018.

[87] X. Liu, X. Yu, X. Zhou, et al. Finite-time H_∞ control for linear systems with semi-Markovian switching, *Nonlinear Dynamics*, Vol. 85, No. 4, pp. 2297–2308, 2016.

[88] H. Shen, L. Su, and J. H. Park, Reliable mixed H_∞/passive control for T-S fuzzy delayed systems based on a semi-Markov jump model approach. *Fuzzy Sets and Systems*, Vol. 314, pp. 79–98, 2017.

[89] B. Jiang, Y. Kao, H. R. Karimi, et al. Stability and stabilization for singular switching semi-Markovian jump systems with generally uncertain transition rates, *IEEE Transactions on Automatic Control*, Vol. 63, No. 11, pp. 3919–3926, 2018.

[90] F. Zhang, *The Schur Complement and Its Applications*, New York: Springer Science & Business Media, 2006.

[91] J. Xiong, and J. Lam, Robust H_2 control of Markovian jump systems with uncertain switching probabilities, *International Journal of Systems Science*, Vol. 40, No. 3, pp. 255–265, 2009.

[92] Y. Wang, L. Xie, and C. E. D. Souz, Robust control of a class of uncertain nonlinear systems, *Systems & Control Letters*, Vol. 19, No. 2, pp. 139–149, 1992.

[93] S. Meyn and R. Tweedie, *Markov chains and stochastic stability*, Springer Science & Business Media, 2012.

第2章　具有一般不确定跃迁率的半马尔可夫跳变系统的随机稳定性

2.1　引言

众所周知,转移速率是调节 S - MJS 整体动态性能的最重要的作用之一,它将 S - MJS 的动态与确定性切换系统的动态区分开来。然而,由于现实世界的高度复杂性,获取转移速率的精确知识似乎是不可能的。因此,有必要对模态信息缺失的 S - MJS 进行分析。迄今为止,它已经见证了一些鼓舞人心的作品。例如,在文献[1]中,转移速率被设置为服从完全已知的概率分布,如高斯分布。在文献[2]中,作者限制了转移速率 $\pi_{ij}(h)$ 的上下界。文献[3]将一个相位型半马尔可夫过程转化为与其相关联的马尔可夫链。但需要指出的是,上述文献提出的所有结果都需要全部或部分情况下所有转移率的信息,因此,具有一般不确定性的 S - MJS 的分析与综合成为热点问题。在 MJS 领域取得了一些成果:如文献[4]研究了一类转移概率部分未知的连续时间和离散时间线性 MJS 的稳定性和镇定问题,其中将完全已知和完全未知的转移概率作为两种特殊情况进行了讨论。文献[5]研究了一类具有一般有界转移速率(概率)的连续时间和离散时间 MJS 的稳定性和镇定问题。文献[6]提出了一些新的结果,其用一种新颖的方法来处理一般不确定的时变转移速率,即一些转移速率是完全未知的。但在文献[6]中仅研究了转移速率矩阵中的模式信息的两种情况,这远远不够,因为一些重要和困难的问题尚未涉及,特别是对于从一个模式到其他模式的转移速率完全未知的类型。虽然已有一些方法被提出用于处理含有缺模信息的 MJS[7]，但这些技术不能直接推广到 S－MJS，或者对于 S－MJS 可能无效。到目前为止，据我们所知，具有更一般转移率的 S－MJS 的随机稳定性分析问题是一个尚未解决的公开挑战，这促使我们开展进一步研究。

在上述分析的基础上，本章研究了具有一般转移率的线性 S－MJS 的随机稳定性分析问题，包括关于模态的完全信息、部分信息和完全未知信息。主要贡献是建立了一套可行的准则来检查所考虑系统的随机稳定性。特别地，对于所有从一种模式到其他模式的转移率完全未知的情况，提出了一种可行的估计方法来处理这一问题。然后，通过求解一个最大优化问题，可以在随机稳定性的意义下获得所建立的 LMI 条件的可行解。

2.2　系统描述

考虑如下固定在概率空间 $(\Omega, \mathcal{F}, \mathcal{P})$ 上的连续时间线性半马尔可夫跳变系统：

$$\dot{x}(t) = A(r_t)x(t),$$
$$x(0) = x_0, r(0) = r_0 \tag{2.1}$$

其中，$x(t) \in \mathbb{R}^n$ 为状态向量，$A(r_t)$ 为具有适当维数的模态依赖系统矩阵，x_0 是初始条件，r_0 是半马尔可夫过程的初始模态。$\{r_t, t \geq 0\}$ 是取值于有限集 $S = \{1, 2, \cdots, s\}$ 的半马尔可夫过程且满足

$$\Pr\{r_{t+h} = j \mid r_t = i\} = \begin{cases} \pi_{ij}(h)h + o(h), & i \neq j \\ 1 + \pi_{ii}(h)h + o(h), & i = j \end{cases} \tag{2.2}$$

其中，$h > 0$ 且 $\lim\limits_{h \to 0} \dfrac{o(h)}{h} = 0$，$\pi_{ij}(h) > 0, i \neq j$ 为时刻 t 模式 i 到 $t+h$ 时刻模式 j 的转移率，且对每个 $i \in S$，有 $\pi_{ii}(h) = -\sum\limits_{j \neq i} \pi_{ij}(h) < 0$。另外，$A(r_t)$ 将在下文中

用A_i表示。基于以上讨论,系统(2.1)的转移速率矩阵可以描述为

$$\prod = \begin{bmatrix} \pi_{11}(h) & \pi_{12}(h) & \cdots & \pi_{1s}(h) \\ \pi_{21}(h) & \pi_{22}(h) & \cdots & \pi_{2s}(h) \\ \vdots & \vdots & \ddots & \vdots \\ \pi_{s1}(h) & \pi_{s2}(h) & \cdots & \pi_{ss}(h) \end{bmatrix} \tag{2.3}$$

定义 2.1[2]

如果存在有限个正的常数$T(x_0,r_0)$使得对任意的初始条件(x_0,r_0),下面的不等式成立,则具有所有模态和所有$t \geq 0$的线性 S – MJS(2.1)是随机稳定的。

$$E\int_0^t \parallel \hat{x}(s) \parallel^2 \mathrm{d}s \leq \mu^{-1} EV(\hat{x}(0),r_0)$$

注 2.1

一般来说,为了处理连续时间 S – MJS 的分析和综合,人们提出了以下方法来处理转移速率$\pi_{ij}(h)$:

(1)Huang 和 Shi 提出了一些开创性的工作[2],其中$\pi_{ij}(h)$的下界和上界分别设为$\pi_{ij}(h) \in [\underline{\pi}_{ij}, \overline{\pi}_{ij}]$,其中$\underline{\pi}_{ij}$和$\overline{\pi}_{ij}$分别为转移速率$\pi_{ij}(h)$的已知下界和上界。进一步,为降低所提稳定性判据的保守性,将转移率进一步拆分为 M 段,分段点为$\pi_{ij,0}, \pi_{ij,1}, \cdots, \pi_{ij,M-1}, \pi_{ij,M}$。

(2)基于文献的一般性假设。文献[2]证明了$\pi_{ij}(h)$是下界和上界的,文献[8]进一步发展了如下条件:

$$\pi_{ij}(h) = \sum_{k=1}^{K} \zeta_k \pi_{ijk}, \quad \sum_{k=1}^{K} \zeta_k = 1, \zeta_k \geq 0 \tag{2.4}$$

其中

$$\pi_{ijk} = \begin{cases} \underline{\pi}_{ij} + (k-1)\dfrac{\overline{\pi}_{ij} - \underline{\pi}_{ij}}{\mathcal{K}-1}, & i \neq j, \quad j \in S \\[3mm] \overline{\pi}_{ij} + (k-1)\dfrac{\overline{\pi}_{ij} - \underline{\pi}_{ij}}{\mathcal{K}-1}, & i \neq j, \quad j \in S \end{cases}$$

(3)特别地,文献[1]中选择了逗留时间 h 在某一模态下的概率分布函数(PDF)服从某种分布。如威布尔分布或高斯分布等[1]。然后,计算了 $\mathrm{E}\{\pi_{ij}(h)\} = \int_0^\infty \pi_{ij}(h) g_i(h)\mathrm{d}h$,其中 $g_i(h)$ 是 PDF。因此,转移速率矩阵的数学期望可以定义为

$$
\begin{bmatrix}
\mathrm{E}\{\pi_{11}(h)\} & \mathrm{E}\{\pi_{12}(h)\} & \cdots & \mathrm{E}\{\pi_{1s}(h)\} \\
\mathrm{E}\{\pi_{21}(h)\} & \mathrm{E}\{\pi_{22}(h)\} & \cdots & \mathrm{E}\{\pi_{2s}(h)\} \\
\vdots & \vdots & \ddots & \vdots \\
\mathrm{E}\{\pi_{s1}(h)\} & \mathrm{E}\{\pi_{s2}(h)\} & \cdots & \mathrm{E}\{\pi_{ss}(h)\}
\end{bmatrix}
\tag{2.5}
$$

(4)针对以上 3 种情况,均需要关于 TR $\pi_{ij}(h)$ 的部分或全部信息,参考文献中的 TR 矩阵,为了更好地适应实际的动力系统,文献[9]引入

$$
\begin{bmatrix}
\pi_{11}+\Delta\pi_{11}(h) & ? & \cdots & \pi_{1s}+\Delta\pi_{1s}(h) \\
? & ? & \cdots & \pi_{2s}+\Delta\pi_{2s}(h) \\
\vdots & \vdots & \ddots & \vdots \\
? & \pi_{s2}+\Delta\pi_{s2}(h) & \cdots & \pi_{ss}+\Delta\pi_{ss}(h)
\end{bmatrix}
\tag{2.6}
$$

本章将沿用情形(4),并将结果推广到更一般的情形。现在,重新讨论文献[9]中的情形。实际中,由于现实世界动力学的高度复杂性,S - MJS 的 TR 被认为满足以下两种情况:① $\pi_{ij}(h)$ 完全未知;② $\pi_{ij}(h)$ 不完全已知但有上下界。由文献[1]可知,$\pi_{ij}(h) \in [\underline{\pi}_{ij}, \overline{\pi}_{ij}]$,其中 $\underline{\pi}_{ij}$ 和 $\overline{\pi}_{ij}$ 分别为已知的实常数,表示 $\pi_{ij}(h)$ 的下界和上界。记 $\pi_{ij}(h) \triangleq \pi_{ij} + \Delta\pi_{ij}(h)$,其中 $\pi_{ij} = \dfrac{1}{2}(\underline{\pi}_{ij} + \overline{\pi}_{ij})$ 且 $|\Delta\pi_{ij}(h)| \leqslant \delta_{ij}$,

$\delta_{ij} = \dfrac{1}{2}(\overline{\pi}_{ij} - \underline{\pi}_{ij})$。具有三种跳变模式的 TR 矩阵可以描述为

$$
\begin{bmatrix}
\pi_{11}+\Delta\pi_{11}(h) & ? & \pi_{13}+\Delta\pi_{13}(h) \\
? & ? & \pi_{23}+\Delta\pi_{23}(h) \\
? & \pi_{32}+\Delta\pi_{32}(h) & ?
\end{bmatrix}
\tag{2.7}
$$

其中"?"是对未知 TR 的描述。为简洁起见，$\forall i \in S$，令 $I_i = I_{i,kn} \cup I_{i,ukn}$，其中 $I_{i,kn}$ 和 $I_{i,ukn}$ 的定义如下：

$$I_{i,kn} \triangleq \{\text{对于} j \in S, \text{可定义} \pi_{ij}\},$$

$$I_{i,ukn} \triangleq \{\text{对于} j \in S, \pi_{ij} \text{未知}\}。$$

基本上，由于假设 $I_{i,kn}$ 和 $I_{i,ukn}$ 不为空，文献[9]的结果具有一定的局限性。因此，文献[9]只研究了两种情况，即 $i \in I_{i,kn}$ 且 $I_{i,ukn} \neq \varnothing$，$i \in I_{i,ukn}$ 且 $I_{i,kn} \neq \varnothing$。这里，需要研究的重要情况是，如果 $i \in I_{i,ukn}$ 而 $I_{i,kn}$ 为空，即 $I_{i,kn} \neq \varnothing$。例如，具有四种模态的 TR 矩阵定义为如下形式：

$$\begin{bmatrix} \pi_{11} + \Delta \pi_{11}(h) & \pi_{12} + \Delta \pi_{12}(h) & \pi_{13} + \Delta \pi_{13}(h) & \pi_{14} + \Delta \pi_{14}(h) \\ \pi_{21} + \Delta \pi_{11}(h) & ? & \pi_{23} + \Delta \pi_{23}(h) & ? \\ ? & \pi_{32} + \Delta \pi_{32}(h) & \pi_{33} + \Delta \pi_{33}(h) & ? \\ ? & ? & ? & ? \end{bmatrix}$$

$$(2.8)$$

因此，基于上述 TR 矩阵，需要研究以下几种情况：

情形 I：$i \in I_{i,kn}$ 且 $i \in I_{i,kn}$ 是完全已知，即 $I_{i,kn} = S$。

情形 II：$i \in I_{i,kn}$ 且 $i \in I_{i,kn}$ 是部分已知，即 $I_{i,kn} \neq S$，同时 $I_{i,kn}$ 也不为空。

情形 III：$i \in I_{i,ukn}$ 且 $i \in I_{i,kn}$ 是部分已知，即 $I_{i,kn} \neq S$，同时 $I_{i,kn}$ 也不为空。

情形 IV：$i \in I_{i,ukn}$ 且 $i \in I_{i,kn}$ 是完全未知，即 $I_{i,kn} = \varnothing$。

在这里，我们需要指出，在下面的研究中，对于所有的 $i \in S$，情形 IV 将不存在。

与以往文献相比，本章将考察更具普适性的 TR(2.8)。尤其是对于情形 IV，这是续篇中最具有挑战性的部分。因此，为了在情形 IV 的意义下给出 S-MJLS(2.1) 的随机稳定性，提出如下估计方法：

情形 IV-I：$i \in I_{i,ukn}$ 且 $I_{i,kn} = \varnothing$，而存在 $j \in I_{j,kn}$ 且 $I_{j,kn}$ 对于 $j \neq i$ 不为空，如 TR 矩阵(2.8)的第一行和第三行。在这种情况下，我们定义

$$\pi_{ij}(h) = a_i \pi_{jj}(h)$$

式中:a_i 为待定的估计参数。

　　情形Ⅳ - Ⅱ:$i \in I_{i,ukn}$且$I_{i,kn} = \varnothing$,当对于$j \neq i$,不存在$j \in I_{j,kn}$时,即情形Ⅰ和Ⅱ不存在:例如,TR 矩阵(2.8)只存在第二行和第四行的形式,在这种情况下,我们定义

$$\pi_{ij^*}(h) = a_i \pi_{jj^*}(h)$$

其中, $\pi_{ij^*}(h)$ 是 TR 矩阵第 j 行中部分已知的$j^* - $th TR,$a_i$ 是待定的估计参数。

　　为此,另一个问题是如何确定a_i,以研究 TR 矩阵形式为式(2.8)的 S - MJLS 的随机稳定性。因此,要对具有一般不确定 TR 的 S - MJLS 进行全面的研究,至少需要考虑五种情形,包括情形Ⅰ~Ⅲ和情形Ⅳ,其中情形Ⅳ又分为情形Ⅳ - Ⅰ和情形Ⅳ - Ⅱ。下面,我们提出了一个基于 LMI 的公式和一个优化算法来检查随机稳定性和获得估计参数a_i。在开始之前,我们定义如下的非空集合$I_{i,kn}$:

$$I_{i,kn} \triangleq \{ \ell_{i,1}, \ell_{i,2}, \cdots, \ell_{i,0} \}, 1 \leqslant o < s$$

其中, $\ell_{i,s}(s \in \{1,2,\cdots,o\})$ 表示 TR 矩阵第 i 行第 s 个元素的索引。

　　因此,本章的总体目标是为具有一般 TR 的线性 S - MJS(2.1)提出数值可行的随机稳定性条件。

2.3　随机稳定性分析

　　基于上述讨论,对于具有一般 TR 的 S - MJS(2.1),在上述五种情况下,提出如下随机稳定性准则:

定理 2.1

　　对于线性 S - MJS(2.1),$\pi_{ij}(h)$取决于驻留时间 h,其中系统发生跳变时,h 设为 0。则系统是随机稳定的,如果存在$P_i > 0$ 且 $i \in S$,使得对于所有的 $i \in S$,有

$$A_i^{\mathrm{T}} P_i + P_i A_i + \sum_{j=1}^{s} \pi_{ij}(h) P_j < 0 \qquad (2.9)$$

证明：考虑如下李雅普诺夫函数

$$V(x(t),r(t)=x^{\mathrm{T}}(t)P(r_t)x(t))\qquad(2.10)$$

然后，根据定义 1.5 和文献[2]提出的方法，有

$$\mathcal{L}V(x(t),i)=\lim_{r\to 0}\frac{1}{r}\left[\sum_{j=1,j\neq i}^{s}\mathrm{Pr}\{\eta_{t+r}=j\mid\eta_t=i\}\,x_r^{\mathrm{T}}P_i x_r+\right.$$

$$\left.\mathrm{Pr}\{\eta_{t+r}=j\mid\eta_t=i\}\,x_r^{\mathrm{T}}P_i x_r-x_r^{\mathrm{T}}P_i x(t)\right]$$

其中，$x_\delta\triangleq x(t+\delta)$。对于不具有无记忆性质的逗留时间的一般分布，即 $\mathrm{Pr}\{\eta_{t+\delta}=j\mid\eta_t=i\}\neq\mathrm{Pr}\{\eta_\delta=j\mid\eta_0=i\}$，由条件概率公式，有

$$\mathcal{L}V(x(t),i)=\lim_{\delta\to 0}\frac{1}{\delta}\left[\sum_{j=1,j\neq i}^{s}\frac{q_{ij}(G_i(h+\delta)-G_i(t))}{1-G_i(h)}x_\delta^{\mathrm{T}}P_i x_\delta\right.$$

$$\left.+\frac{1-G_i(h+\delta)}{1-G_i(h)}x_\delta^{\mathrm{T}}P_i x_\delta-x^{\mathrm{T}}(t)P_i x(t)\right]$$

$$=\lim_{\delta\to 0}\frac{1}{\delta}\left[\sum_{j=1,j\neq i}^{s}\frac{q_{ij}(G_i(h+\delta)-G_i(h))}{1-G_i(h)}x_\delta^{\mathrm{T}}P_i x_\delta\right.$$

$$+\frac{1-G_i(h+\delta)}{1-G_i(h)}[x_\delta^{\mathrm{T}}-x^{\mathrm{T}}(t)]P_i x_\delta+\frac{1-G_i(h+\delta)}{1-G_i(h)}x^{\mathrm{T}}(t)$$

$$\left.P^{\mathrm{T}}(k)[x_\delta-x(t)]-\frac{G_i(h+\delta)-G_i(h)}{1-G_i(h)}x^{\mathrm{T}}(t)P_i x(t)\right]$$

式中：$G_i(h)$ 为系统停留在模式 i 的驻留时间的累积分布函数；q_{ij} 为模式 i 到模式 j 的概率强度。另外，有

$$\lim_{\delta\to 0}\frac{(G_i(h+\delta)-G_i(h))}{(1-G_i(h)\delta)}=\frac{1}{1-G_i(h)}\lim_{\delta\to 0}\frac{(G_i(h+\delta)-G_i(h))}{\delta}=\pi_i(h)$$

$$\lim_{\delta\to 0}\frac{1-G_i(h+\delta)}{1-G_i(h)}=1$$

其中，$\pi_i(h)$ 是系统从模式 i 跳出的 TR。因此，

$$\mathcal{L}V(x(t),i) = \sum_{j=1,j\neq i}^{s} q_{ij}\,\pi_i(h)\,x^{\mathrm{T}}P_i x(t) + 2\,x^{\mathrm{T}}(t)\,P_i\,\dot{x}(t) - \pi_i(h)\,x^{\mathrm{T}}(t)\,P_i x(t) \tag{2.11}$$

现在定义 $\pi_{ij}(h) = \pi_i(h)q_{ij}$ 和 $\pi_{ii}(h) = -\sum_{j\neq i}\pi_{ij}(h)$。总的来说，有

$$\mathcal{L}V(t) = x^{\mathrm{T}}(t)\Gamma_i x(t) \tag{2.12}$$

其中 $\Gamma_i = P_i A_i + A_i^{\mathrm{T}} P_i + \sum_{j=1}^{s}\pi_{ij}(h) P_j$。由式(2.9)可知 $\Gamma_{i,m} < 0$，因此，定义一个标量 $\mu \triangleq \lambda_{\min}\{\Gamma_i\} > 0$，使得

$$\mathcal{L}V(\hat{x}(t),r_t) \leqslant -\mu \parallel \hat{x}(t) \parallel^2 \tag{2.13}$$

因此，由 Dynkin 公式，我们得到对任意的 $t > 0$

$$\mathrm{E}V(\hat{x}(t),r_t) - \mathrm{E}V(\hat{x}(0),r_0) \leqslant -\mu\mathrm{E}\int_0^t \parallel \hat{x}(s) \parallel^2 \mathrm{d}s \tag{2.14}$$

这就产生了

$$\mathrm{E}\int_0^t \parallel \hat{x}(s) \parallel^2 \mathrm{d}s \leqslant \mu^{-1}\mathrm{E}V(\hat{x}(0),r_0) \tag{2.15}$$

那么，容易看出线性 S–MJS(2.1) 是随机稳定的。现在，基于上述结果，我们考虑更一般的情形。

定理 2.2

给定标量 a_i，如果存在正定矩阵 $P_i > 0$，$U_{ij} > 0$，$V_{ij} > 0$，$W_{ij} > 0$，$S_{ij} > 0$ 以及 $T_{ij} > 0$，使得下列条件对任意 $i \in S$ 成立，则线性 S–MJS(2.1) 是随机稳定的。

情形 I：$i \in I_{i,kn}$，$I_{i,kn} = S = \{1,2,\cdots,s\}$，

$$\begin{bmatrix} \mathcal{A}_i^{11} & \mathcal{A}_i^{12} \\ * & \mathcal{A}_i^{13} \end{bmatrix} < 0 \tag{2.16}$$

情形 II：$i \in I_{i,kn}$，$\forall l \in I_{i,ukn}$，$I_{i,kn} \triangleq \{\ell_{i,1},\ell_{i,2},\cdots,\ell_{i,o_1}\}$

$$\begin{bmatrix} \mathcal{A}_i^{21} & \mathcal{A}_i^{22} \\ * & \mathcal{A}_i^{23} \end{bmatrix} < 0 \tag{2.17}$$

情形Ⅲ : $i \in I_{i,ukn}$, $\forall l \in I_{i,ukn} (l \neq i)$, $I_{i,kn} \triangleq \{ \ell_{i,1} , \ell_{i,2} , \cdots , \ell_{i,o_2} \}$

$$P_i - P_l \geq 0 \qquad (2.18a)$$

$$\begin{bmatrix} \mathcal{A}_i^{31} & \mathcal{A}_i^{32} \\ * & \mathcal{A}_i^{33} \end{bmatrix} < 0 \qquad (2.18b)$$

情形Ⅳ : $i \in I_{i,ukn}$, 存在 $i \neq j$ 使得对于 $\forall l \in I_{i,ukn}$, 有 $j \in I_{i,ukn}$

$$\begin{bmatrix} P_i A_i + A_i^{\mathrm{T}} P_i + a_i \pi_{jj} (P_i - P_l) + a_i \dfrac{\delta_{jj}^2}{4} S_{ii} & a_i (P_i - P_l) \\ * & -a_i S_{ii} \end{bmatrix} < 0 \qquad (2.19)$$

情形Ⅴ : $i \in I_{i,ukn}$, 不存在 $j \neq i$, 使得对于 $l \in I_{i,ukn} (l \neq i)$, 有 $j \in I_{j,kn}$

$$P_i - P_l \geq 0 \qquad (2.20a)$$

$$\begin{bmatrix} P_i A_i + A_i^{\mathrm{T}} P_i + a_i \pi_{jj} * (P_{j*} - P_l) + \dfrac{\delta_{jj*}^2}{4} & a_i (P_{j*} - P_l) \\ * & -a_i T_{ij*} \end{bmatrix} < 0 \qquad (2.20b)$$

其中

$$\mathcal{A}_i^{11} = P_i A_i + A_i^{\mathrm{T}} P_i + \sum_{j=1,j \neq i}^{s} \frac{(\delta_{ij})^2}{4} U_{ij} + \sum_{j=1}^{s} \pi_{ij} P_j$$

$$\mathcal{A}_i^{12} = [(P_1 - P_i) \cdots (P_{i-1} - P_i)(P_{i+1} - P_i) \cdots (P_s - P_i)]$$

$$\mathcal{A}_i^{13} = [-U_{i1} \cdots -U_{i(i-1)} -U_{i(i+1)} -U_{is}]$$

$$\mathcal{A}_i^{21} = P_i A_i + A_i^{\mathrm{T}} P_i + \sum_{j \in I_{i,kn}} \left[\frac{(\delta_{ij})^2}{4} V_{ij} + \pi_{ij} (P_j - P_l) \right]$$

$$\mathcal{A}_i^{22} = [(P_{l,1} - P_l) \cdots (P_{\ell_{i,o1}} - P_l)]$$

$$\mathcal{A}_i^{23} = [-V_{i\ell_{i,1}} \cdots -V_{i\ell_{i,o1}}]$$

$$\mathcal{A}_i^{31} = P_i A_i + A_i^{\mathrm{T}} P_i + \sum_{j \in I_{i,kn}} \left[\frac{(\delta_{ij})^2}{4} W_{ij} + \pi_{ij} (P_j - P_l) \right]$$

$$\mathcal{A}_i^{32} = [(P_{\ell_{i,1}} - P_l) \cdots (P_{\ell_{i,o2}} - P_l)]$$

$$\mathcal{A}_i^{33} = [-W_{i\ell_{i,1}} \cdots -W_{i\ell_{i,o2}}]$$

证明:根据定理 2.1,如果线性 S−MJS(2.1)成立,则它是随机稳定的。

$$A_i^{\mathrm{T}} P_i + P_i A_i + \sum_{j=1}^{s} \pi_{ij}(h) P_j < 0$$

然而,上述不等式在非线性转移率意义下是不可解的。现在,我们来处理 $\sum_{j=1}^{s} \pi_{ij}(h) P_j$。考虑以下几种情况:

情形 I :$i \in I_{i,kn}$ 且 $I_{i,kn} = S$。

根据式(2.8)中的划分,令 $\sum_{j=1,j \neq i}^{s} \pi_{ij} = -\pi_{ii}$。因此,$\sum_{j=1}^{s} \pi_{ij}(h) P_j$ 可以改写为

$$\begin{aligned}
\sum_{j=1}^{s} \pi_{ij}(h) P_j &= \sum_{j=1}^{s} \pi_{ij} P_j + \sum_{j=1}^{s} \Delta\pi_{ij}(h) P_j \\
&= \sum_{j=1}^{s} \pi_{ij} P_j + \sum_{j=1,j \neq i}^{s} \Delta\pi_{ij}(h) P_j + \Delta\pi_{ii}(h) P_i \\
&= \sum_{j=1}^{s} \pi_{ij} P_j + \sum_{j=1,j \neq i}^{s} \Delta\pi_{ij}(h) (P_j - P_i) \\
&= \sum_{j=1}^{s} \pi_{ij} P_j + \sum_{j=1,j \neq i}^{s} \left[\frac{1}{2}\Delta\pi_{ij}(h)(P_j - P_i) + \frac{1}{2}\Delta\pi_{ij}(h)(P_j - P_i) \right] \\
&\leqslant \sum_{j=1}^{s} \pi_{ij} P_j + \sum_{j=1,j \neq i}^{s} \left[\frac{\delta_{ij}^2}{4} U_{ij} + (P_j - P_i) U_{ij}^{-1} (P_j - P_i) \right]
\end{aligned}$$

$$(2.21)$$

通过应用 Schur 补偿,知道式(2.16)保证了 S−MJS(2.1)是随机稳定的。

情形 II :$i \in I_{i,kn}$,$I_{i,kn} \neq S$ 且 $I_{i,kn} \neq \varnothing$。

首先,令 $\lambda_{i,kn} \triangleq \sum_{j \in I_{i,kn}} \pi_{ij}(h)$,由于 $I_{i,ukn} \neq \varnothing$,得到 $\lambda_{i,kn} < 0$。因此,$\sum_{l=1}^{s} \pi_{ij}(h) P_i$ 可改写成

$$\begin{aligned}
\sum_{j=1}^{s} \pi_{ij}(h) P_j &= \left(\sum_{j \in I_{i,kn}} + \sum_{j \in I_{i,ukn}} \right) \pi_{ij}(h) P_j \\
&= \sum_{j \in I_{i,kn}} \pi_{ij}(h) P_j - \lambda_{i,k} \sum_{j \in I_{i,ukn}} \frac{\pi_{ij}(h)}{-\lambda_{i,k}} P_j
\end{aligned}$$

$$(2.22)$$

易得 $0 \leqslant \dfrac{\pi_{ij}(h)}{-\lambda_{i,k}} \leqslant 1$（$\forall j \in I_{i,uk}$）且 $\displaystyle\sum_{j \in I_{i,ukn}} \dfrac{\pi_{ij}(h)}{-\lambda_{i,k}} = 1$。因此对于 $\forall l \in I_{i,uk}$，下式成立

$$P_i A_i + A_i^{\mathrm{T}} P_i + \sum_{j=1}^{s} \pi_{ij}(h) P_j = \sum_{j \in I_{i,ukn}} \dfrac{\pi_{ij}(h)}{-\lambda_{i,k}} \Big[P_i A_i + A_i^{\mathrm{T}} P_i + \sum_{j \in I_{i,kn}} \pi_{ij}(h)(P_j - P_l) \Big]$$

$$(2.23)$$

对于 $0 \leqslant \pi_{ij}(h) \leqslant -\lambda_{i,k}$，$P_i A_i + A_i^{\mathrm{T}} P_i + \displaystyle\sum_{j=1}^{s} \pi_{ij}(h) P_j < 0$ 等价于

$$P_i A_i + A_i^{\mathrm{T}} P_i + \sum_{j \in I_{i,kn}} \pi_{ij}(h)(P_j - P_l) < 0, \forall l \in I_{i,ukn} \qquad (2.24)$$

在式（2.24）中，存在

$$\sum_{j \in I_{i,kn}} \pi_{ij}(h)(P_j - P_l) = \sum_{j \in I_{i,kn}} \pi_{ij}(h)(P_j - P_l) + \sum_{j \in I_{i,kn}} \Delta \pi_{ij}(h)(P_j - P_l)$$

$$(2.25)$$

根据引理1.4，对任意的 $V_{ij} > 0$，有

$$\sum_{j \in I_{i,kn}} \pi_{ij}(h)(P_j - P_l) = \sum_{j \in I_{i,kn}} \Big[\dfrac{1}{2}\pi_{ij}(h)(P_j - P_l) + \dfrac{1}{2}\pi_{ij}(h)(P_j - P_l) \Big]$$

$$\leqslant \sum_{j \in I_{i,kn}} \Big[\dfrac{(\delta_{ij})^2}{4} V_{ij} + (P_j - P_l)(V_{ij})^{-1}(P_j - P_l)^{\mathrm{T}} \Big]$$

$$(2.26)$$

结合式（2.22）~式（2.26）并应用 Schur 的补充，由式（2.17）可推导出 S-MJS(2.1) 在这种情况下是随机稳定的。

情形Ⅲ：$i \in I_{i,ukn}$ 且 $I_{i,kn} \neq \varnothing$。

类似地，记 $\lambda_{i,k} \triangleq \displaystyle\sum_{j \in I_{i,kn}} \pi_{ij}(h)$。由于 $i \in I_{i,ukn}$，得到 $\lambda_{i,k} > 0$。则 $\displaystyle\sum_{j=1}^{s} \pi_{ij}(h) P_j$ 可表示为

$$\sum_{j=1}^{s} \pi_{ij}(h) P_j = \sum_{j \in I_{i,kn}} \pi_{ij}(h) P_j + \pi_{ii}(h) P_i + \sum_{j \in I_{i,ukn}, j \neq i} \pi_{ij}(h) P_j$$

$$= \sum_{j \in I_{i,kn}} \pi_{ij}(h) P_j + \pi_{ii}(h) P_i - (\pi_{ii}(h) + \lambda_{i,k})$$

$$\sum_{j \in I_{i,ukn}, j \neq i} \frac{\pi_{ij}(h) P_j}{-\pi_{ii}(h) - \lambda_{i,k}} \tag{2.27}$$

对于任意 $j \in I_{i,ukn}$，容易得到 $0 \leqslant \dfrac{\pi_{ij}(h)}{-\pi_{ii}(h)} - \lambda_{i,k} \leqslant 1$ 且 $\displaystyle\sum_{j \in I_{i,ukn}, j \neq i} \frac{\pi_{ij}(h) P_j}{-\pi_{ii}(h) - \lambda_{i,k}} = 1$。因此，对于 $\forall l \in I_{i,ukn}(l \neq i)$，有

$$P_i A_i + A_i^{\mathrm{T}} P_i + \sum_{j=1}^{s} \pi_{ij}(h) P_j = \sum_{j \in I_{i,ukn}, j \neq i} \frac{\pi_{ij}(h)}{-\pi_{ii}(h) - \lambda_{i,k}} [P_i A_i + A_i^{\mathrm{T}} P_i$$
$$+ \pi_{ii}(h)(P_i - P_l) + \sum_{j \in I_{i,kn}} \pi_{ij}(h)(P_j - P_l)]$$

$$\tag{2.28}$$

由于 $0 \leqslant \pi_{ij}(h) \leqslant -\pi_{ii}(h) - \lambda_{i,k}$, $P_i A_i + A_i^{\mathrm{T}} P_i + \displaystyle\sum_{j=1}^{s} \pi_{ij}(h) P_j < 0$ 可等价于

$$P_i A_i + A_i^{\mathrm{T}} P_i + \pi_{ii}(h)(P_i - P_l) + \sum_{j \in I_{i,kn}} \pi_{ij}(h)(P_j - P_l) < 0 \tag{2.29}$$

另外，对于 $\pi_{ii}(h) < 0$，若存在下式条件，则式(2.29)成立

$$\begin{cases} P_i - P_l \geqslant 0, \\ P_i A_i + A_i^{\mathrm{T}} P_i \end{cases} + \sum_{j \in I_{i,kn}} \pi_{ij}(h)(P_j - P_l) < 0 \tag{2.30}$$

根据式(2.25)和式(2.26)，对任意 $W_{ij} > 0$，有

$$\sum_{j \in I_{i,kn}} \pi_{ij}(h)(P_j - P_l) \leqslant \sum_{j \in I_{i,kn}} \pi_{ij}(P_j - P_l)$$
$$+ \sum_{j \in I_{i,kn}} \left[\frac{(\delta_{ij})^2}{4} W_{ij} + (P_j - P_l)(W_{ij})^{-1}(P_j - P_l)^{\mathrm{T}} \right]$$

$$\tag{2.31}$$

在该情形下，结合式(2.27)~式(2.31)，可以得到式(2.18a)和式(2.18b)能够保证 S-MJS(2.1)是随机稳定的。

情形Ⅳ：$i \in I_{i,uk}$ 且 $I_{i,kn} = \varnothing$，存在 $j \neq i$，使得 $j \in I_{j,kn}$。

在这种情况下，$a_i \pi_{ij}(h)$ 可估计 $\pi_{ii}(h)$ 的值。记 $\lambda_{i,kn} \triangleq \pi_{ii}(h)$。因此，$\displaystyle\sum_{l=1}^{s} \pi_{ij}(h) P_i$ 可表示为

$$\sum_{j=1}^{s} \pi_{ij}(h) P_j = \pi_{ii}(h) P_i + \sum_{j \in I_{i,ukn}} \pi_{ij}(h) P_j = \pi_{ii}(h) P_i - \lambda_{i,k} \sum_{j \in I_{i,ukn}} \frac{\pi_{ij}(h)}{-\lambda_{i,k}} P_j$$

$$(2.32)$$

记 $\sum_{j \in I_{i,ukn}} \pi_{ij}(h) = -\pi_{ii}(h) = -\lambda_{i,k} > 0$。因此，对于 $\forall l \in I_{i,ukn}$，下式成立

$$
\begin{aligned}
P_i A_i &+ A_i^T P_i + \sum_{j=1}^{s} \pi_{ij}(h) P_j \\
&= \sum_{j \in I_{i,ukn}} \frac{\pi_{ij}(h)}{-\lambda_{i,k}} [P_i A_i + A_i^T P_i + \pi_{ii}(h)(P_i - P_l)] \\
&= P_i A_i + A_i^T P_i + \pi_{ii}(h)(P_i - P_l) \\
&= P_i A_i + A_i^T P_i + a_i \pi_{ii}(h)(P_i - P_l)
\end{aligned}
$$

$$(2.33)$$

在式(2.33)中，有

$$a_i \pi_{ij}(h)(P_j - P_l) = a_i \pi_{ij}(h)(P_i - P_l) + a_i \Delta \pi_{ij}(h)(P_i - P_l)$$

$$(2.34)$$

根据引理 1.4，对于任意 $S_{ii} > 0$，有

$$
\begin{aligned}
\Delta \pi_{ii}(h)(P_i - P_l) &= \left[\frac{1}{2}\Delta \pi_{ij}(h)(P_i - P_l) + \frac{1}{2}\Delta \pi_{ij}(h)(P_i - P_l) \right] \\
&\leqslant \left[\frac{(\delta_{ij})^2}{4} S_{ii} + (P_i - P_l)(S_{ii})^{-1}(P_i - P_l)^T \right]
\end{aligned}
$$

$$(2.35)$$

结合式(2.32)~式(2.35)并应用 Schur 的补充，由式(2.19)可知，此时 S – MJS (2.1)是随机稳定的。

情形 V：$i \in I_{i,uk}$ 且 $I_{i,kn} = \varnothing$，不存在 $j \neq i$，使得 $j \in I_{j,kn}$。

在该情形下，$\pi_{ij*}(h)$ 可由 $\pi_{jj*}(h)$ 来估计。类似地，记 $\lambda_{i,k} \triangleq \pi_{ij*}(h)(j \neq i)$。

$$\lambda_{i,k} \triangleq \pi_{ij*}(h) P_{j*} + \pi_{ii}(h) P_i - (\pi_{ii}(h) + \lambda_{i,k}) \sum_{j \in I_{i,ukn}, j \neq i} \frac{\pi_{ij}(h) P_j}{-\pi_{ii}(h) - \lambda_{i,k}}$$

$$(2.36)$$

显然对于任意 $j \in I_{j,kn}$，有 $0 \leqslant \pi_{ij}(h)/[-\pi_{ii}(h) - \lambda_{i,k}] \leqslant 1$ 且 $\sum_{j \in I_{i,uk}, j \neq i} \frac{\pi_{ij}(h)}{-\pi_{ii}(h) - \lambda_{i,k}} = 1$。

因此,对于 $\forall l \in I_{i,uk}, l \neq i$,

$$P_i A_i + A_i^T P_i + \sum_{j=1}^s \pi_{ij}(h) P_j = \sum_{j \in I_{i,uk}, j \neq i} \frac{\pi_{ij}(h)}{-\pi_{ii}(h) - \lambda_{i,k}}$$

$$[P_i A_i + A_i^T P_i + \pi_{ii}(h)(P_i - P_l) + \pi_{ij*}(h)(P_{j*} - P_l)]$$

$$(2.37)$$

对于 $0 \leq \pi_{ii}(h) \leq -\pi_{ii}(h) - \lambda_{i,k} P_i A_i + A_i^T P_i + \sum_{j=1}^s \pi_{ij}(h) P_j < 0$,等价于

$$P_i A_i + A_i^T P_i + \pi_{ii}(h)(P_i - P_l) + a_i \pi_{ij*}(h)(P_{j*} - P_l) < 0$$

$$(2.38)$$

由于 $\pi_{ii}(h) < 0$,当有如下不等式时,式(2.38)成立

$$\begin{cases} P_i - P_l \geq 0 \\ P_i A_i + A_i^T P_i + a_i \pi_{ij*}(h)(P_{j*} - P_l) < 0 \end{cases}$$

$$(2.39)$$

在式(2.39)中,对于任意 $T_{ij*} > 0$,有

$$\pi_{ij*}(h)(P_{j*} - P_l) = T_{ij*}(h)(P_{j*} - P_l) + \Delta \pi_{ij*}(h)(P_{j*} - P_l) \leq \pi_{ij*}(h)(P_{j*} - P_l)$$

$$+ \left[\frac{(\Delta_{ij})^2}{4} T_{ij*} + (P_{j*} - P_l)(T_{ij*})^{-1}(P_{j*} - P_l)^T \right]$$

$$(2.40)$$

　　结合式(2.36) ~ 式(2.40),由式(2.20a)和式(2.20b)可以推导出在这种情况下 S – MJS(2.1)是随机稳定的。综上所述,在定义2.1下,S – MJS(2.1)具有一般不确定 TRs 的随机稳定性。这就完成了证明。

注 2.2

　　为了更好地解释情形Ⅳ和情形Ⅴ中提出的方法,我们考虑如下两类转移速率矩阵:

$$(i) \begin{bmatrix} \pi_{11} + \Delta \pi_{11}(h) & \pi_{12} + \Delta \pi_{12}(h) & \pi_{13} + \Delta \pi_{13}(h) \\ ? & \pi_{22} + \Delta \pi_{22}(h) & \pi_{23} + \Delta \pi_{23}(h) \\ ? & ? & ? \end{bmatrix}$$

$$(\text{ii}) \begin{bmatrix} ? & \pi_{12} + \Delta\pi_{12}(h) & \pi_{13} + \Delta\pi_{13}(h) \\ ? & ? & \pi_{23} + \Delta\pi_{23}(h) \\ ? & ? & ? \end{bmatrix}$$

在情形(i)和情形(ii)中,都可以看到$I_{3,kn}$为空。在情形(i)中,未知的转移率$\pi_{33}(h)$可以通过$\pi_{11}(h)$或$\pi_{22}(h)$来估计,这就是上面证明中所研究的情形 Ⅳ 。对于情况(ii),未知转移率$\pi_{33}(h)$不能用$\pi_{11}(h)$或$\pi_{22}(h)$来估计,因为它们也是未知的。然而,我们可以通过$\pi_{12}(h)$来估计$\pi_{32}(h)$,这就是上文研究的情形 Ⅳ 。在情形 Ⅰ 中,由于π_{ii}本质上是不确定的,$-\pi_{ii} = \sum\limits_{j=1,j\neq i}^{s}\pi_{ij}$ 这个假设可以通过牺牲$\Delta\pi_{ij}(h)$的一定精度来实现。从上面的情形(i)和情形(ii)也可以看出,定理 2.2 中的这两种情况不会同时出现;因此,在检验定理 2.2 中的条件时,最多有四种情况需要检验。

注 2.3

在定理 2.2 中检验随机稳定性条件时,如何确定a_i是一个重要问题。为解决该问题,提出以下最大优化问题:

在条件式(2.18)~式(2.20b)中,$\max.\ \sum a_i$服从可行的$P_i, \cdots, S_{ii}, T_{ij}^{*}$。

为此,可以有效地检验具有一般不确定 TR 的 S – MJS(2.1)的随机稳定性。

2.4　数值计算

例子 2.1

考虑具有四个模态的线性 S – MJS(2.1),相应的参数如下:

$$A_1 = \begin{bmatrix} -1.2 & 0.4 \\ -0.3 & 0 \end{bmatrix}, \qquad A_2 = \begin{bmatrix} -1.0 & 0.3 \\ 1.0 & 0.4 \end{bmatrix}$$

$$A_3 = \begin{bmatrix} -1.5 & -0.5 \\ -1.5 & -0.5 \end{bmatrix}, \qquad A_4 = \begin{bmatrix} -1.0 & 0.8 \\ -0.3 & -0.3 \end{bmatrix}$$

考虑如下给出的调节四种运行模式的转移速率矩阵：

$$\begin{bmatrix} -1.5+\Delta\pi_{11}(h) & 0.5+\Delta\pi_{12}(h) & 0.5+\Delta\pi_{13}(h) & -1.5+\Delta\pi_{14}(h) \\ ? & -3.5+\Delta\pi_{22}(h) & 0.5+\Delta\pi_{23}(h) & ? \\ 0.4+\Delta\pi_{31}(h) & 0.9+\Delta\pi_{32}(h) & ? & ? \\ ? & ? & ? & ? \end{bmatrix}$$

其中，$|\Delta\pi_{ij}(h)| \leqslant \delta_{ij} = |0.1\pi_{ij}|$。在上述的转移率矩阵中，显然 $I_{4,kn} = \varnothing$；因此，$\pi_{44}(h)$ 是未知的，可以用 $\pi_{11}(h)$ 或 $\pi_{22}(h)$ 来估计。同时可以看出，上述转移速率矩阵涵盖了所研究的情形 I、情形 II、情形 III 和情形 IV。因此，在验证条件式(2.16)～式(2.19)时，令 $\pi_{44}(h) = a_4\pi_{11}(h)$，求解注 2.3 中讨论的最大优化问题。通过计算发现，对于式(2.16)～式(2.19)的可行解，a_4 的允许最大值为 $a_4 = 0.341$，其他可行解如下：

$$P_1 = \begin{bmatrix} 7.4367 & -3.7670 \\ -3.7670 & 18.2142 \end{bmatrix}, \quad P_2 = \begin{bmatrix} 16.5560 & 0.5583 \\ 0.5583 & 24.5176 \end{bmatrix}$$

$$P_3 = \begin{bmatrix} 16.1151 & -8.1720 \\ -8.1720 & 17.6307 \end{bmatrix}, \quad P_2 = \begin{bmatrix} 16.1110 & -8.1726 \\ -8.1726 & 17.6299 \end{bmatrix}$$

$$U_{12} = \begin{bmatrix} 359.0711 & 172.8321 \\ 172.8321 & 251.7369 \end{bmatrix}, \quad P_2 = \begin{bmatrix} 731.0239 & 1.9023 \\ 1.9023 & 51.3126 \end{bmatrix}$$

$$U_{14} = \begin{bmatrix} 730.9834 & 1.9519 \\ 1.9519 & 51.3360 \end{bmatrix}, \quad P_2 = \begin{bmatrix} 178.5772 & 62.2602 \\ 62.2602 & 38.3715 \end{bmatrix}$$

$$V_{23} = \begin{bmatrix} 395.5086 & 98.9363 \\ 98.9363 & 26.5289 \end{bmatrix}, \quad P_2 = \begin{bmatrix} 695.8909 & -24.8672 \\ -24.8672 & 17.5029 \end{bmatrix}$$

$$W_{23} = 10^3 \times \begin{bmatrix} 1.2527 & 0.5773 \\ 0.5773 & 0.2721 \end{bmatrix}, \quad P_2 = \begin{bmatrix} 281.7277 & -118.3470 \\ -118.3470 & 293.0703 \end{bmatrix}$$

例子 2.2

考虑具有四个模态的线性 S-MJS(2.1)，相应的参数如下：

$$A_1 = \begin{bmatrix} -1.0 & -0.8 \\ 0.2 & 1.0 \end{bmatrix} \quad A_2 = \begin{bmatrix} -1.2 & 0.4 \\ -1.0 & -0.1 \end{bmatrix}$$

$$A_3 = \begin{bmatrix} -2.0 & -0.5 \\ -1.0 & -0.1 \end{bmatrix} \quad A_4 = \begin{bmatrix} -1.2 & -0.5 \\ 0.5 & -0.3 \end{bmatrix}$$

现在,考虑如下给出的与四种运行模式相关的另一个 TR 矩阵:

$$\begin{bmatrix} ? & 0.3+\Delta\pi_{12}(h) & 0.3+\Delta\pi_{13}(h) & 0.4+\Delta\pi_{14}(h) \\ ? & ? & 0.5+\Delta\pi_{23}(h) & 0.1+\Delta\pi_{24}(h) \\ 1.5+\Delta\pi_{31}(h) & 0.8+\Delta\pi_{32}(h) & ? & ? \\ ? & ? & ? & ? \end{bmatrix}$$

其中,$|\Delta\pi_{ij}(h)| \leq \delta_{ij} = |0.1\pi_{ij}|$。在上述 TR 矩阵中,也可以清楚地看到 $I_{4,kn} = \varnothing$。然而,其他行的对角元素也是未知的;因此,不能通过 $\pi_{11}(h)$ 或 $\pi_{22}(h)$ 来估计 $\pi_{44}(h)$。在这种情况下,非对角元是可用的,这就是定理 1 中研究的情形Ⅲ和情形Ⅴ。在检验条件式(2.17)、式(2.18)、式(2.20a)和式(2.20b)时,令 $\pi_{43}(h) = a_4\pi_{23}(h)$,求解如上所述的注 2.3 中的最大优化问题。通过计算发现,a_4 在式(2.18a)、式(2.18b)、式(2.20a)和式(2.20b)的可行解下的允许最大值为 $a_4 = 6.273$,其他可行解如下:

$$P_1 = \begin{bmatrix} 568.6822 & 29.7011 \\ 29.7011 & 579.2482 \end{bmatrix} \quad P_2 = \begin{bmatrix} 699.8520 & 39.7914 \\ 39.7914 & 580.0282 \end{bmatrix}$$

$$P_3 = \begin{bmatrix} 768.2518 & -17.1130 \\ -17.1130 & 638.1229 \end{bmatrix} \quad P_1 = \begin{bmatrix} 766.4233 & -17.4062 \\ -17.4062 & 638.0746 \end{bmatrix}$$

$$U_{12} = 10^4 \times \begin{bmatrix} 3.3723 & -1.4517 \\ -1.4517 & 1.6823 \end{bmatrix}$$

$$U_{13} = 10^4 \times \begin{bmatrix} 3.8143 & -1.8662 \\ -1.8662 & 1.9717 \end{bmatrix}$$

$$U_{14} = 10^4 \times \begin{bmatrix} 2.9185 & -1.2956 \\ -1.2956 & 1.6103 \end{bmatrix}$$

$$U_{23} = 10^4 \times \begin{bmatrix} 1.0748 & -0.1272 \\ -0.1272 & 0.2493 \end{bmatrix}$$

$$U_{24} = 10^4 \times \begin{bmatrix} 2.3822 & -1.1489 \\ -1.1489 & 1.0794 \end{bmatrix}$$

$$W_{31} = 10^4 \times \begin{bmatrix} 8.4717 & 0.9059 \\ 0.9059 & 1.1878 \end{bmatrix}$$

$$W_{32} = 10^3 \times \begin{bmatrix} 8.6566 & 0.4086 \\ 0.4086 & 1.9351 \end{bmatrix}$$

$$T_{43} = \begin{bmatrix} 4.5663 & -2.4484 \\ -2.4484 & 2.2499 \end{bmatrix}$$

注 2.4

定理 2.2 将多面体不确定性描述的具有时变 TR 的 S – MJS 随机稳定性理论推广到更一般的情形,这是传统方法无法验证的。通过上面的数值例子,对所有类型的 TR 进行了测试,特别是对于给定两个 TR 矩阵验证的情形 IV 和 V,这表明所发展的随机稳定性准则是有效的,并且优于传统的随机稳定性准则。本章给出了一种处理未知 TR 的估计方法,估计参数 α_i 为常数。未来应提出更先进的方法,如采用自适应方法处理时变估计参数。

2.5　结论

本章研究了 S – MJLS 的随机稳定性。与以往文献不同的是,更多的泛型 TR 已经通过五个案例进行了研究。利用随机李雅普诺夫稳定性理论,提出了一组新的充分条件来检验随机稳定性。同时,完全未知 TR 的估计参数可以通过求解一个优化问题得到。总的来说,所提出的 S – MJLS 理论几乎考虑了所有类型的 TR,这在以前的研究中还没有涉及。最后,通过数值算例验证了所得结果的有效性。

参考文献

[1] Y. Wei, J. H. Park, J. Qiu, et al., Sliding mode control for semi-Markovian jump systems via output feedback, *Automatica*, Vol. 81, pp. 133–141, 2017.

[2] J. Huang and Y. Shi, Stochastic stability of semi-Markov jump linear systems: an LMI approach, *Paper presented at: Proceedings of the 50th IEEE Conference Decision Control European Control Conference*, pp. 4668–4673, 2011.

[3] F. Li, L. Wu, P. Shi and C. C. Lim, State estimation and sliding mode control for semi-Markovian jump systems with mismatched uncertainties, *Automatica*, Vol. 51, pp. 385–393, 2015.

[4] L. Zhang and E. K. Boukas, Stability and stabilization of Markovian jump linear systems with partly unknown transition probabilities, *Automatica*, Vol. 45, No. 2, pp. 463–468, 2009.

[5] X. Li, W. Zhang and D. Lu, Stability and stabilization analysis of Markovian jump systems with generally bounded transition probabilities, *Journal of the Franklin Institute*, https://doi.org/10.1016/j.jfranklin.2020.04.013.

[6] B. Jiang, H. R. Karimi, Y. Kao, et al., Takagi-Sugeno model based event-triggered fuzzy sliding mode control of networked control systems with semi-Markovian switchings, *IEEE Transactions on Fuzzy Systems*, Vol. 28, No. 4, pp. 673–683, 2020.

[7] E. K. Boukas, Stabilization of stochastic nonlinear hybrid systems, *International Journal of Innovative Computing, Information and Control*, Vol. 1, No. 1, pp. 131–141, 2005.

[8] H. Shen, L. Su and J. H. Park, Reliable mixed H∞/passive control for T-S fuzzy delayed systems based on a semi-Markov jump model approach, *Fuzzy Sets and Systems*, Vol. 314, pp. 79–98, 2017.

[9] B. Jiang, Y. Kao, H. R. Karimi and C. Gao, Stability and stabilization for singular switching semi-Markovian jump systems with generally uncertain transition rates, *IEEE Transactions on Automatic Control*, Vol. 63, No. 11, pp. 3919–3926, 2018.

第3章 模糊积分滑动半挂机模式控制
马尔可夫链的转移系统

3.1 引言

20世纪,模糊逻辑理论似乎成为处理复杂非线性系统综合的有效方法。特别地,基于 Takagi – Sugeno(T – S)模糊模型[1]的模糊方案由于其概念的简洁性而成为最流行和方便的方案。在 T – S 模糊模型中,系统的整体模型是通过隶属度函数对局部线性模型进行模糊"融合"得到的,这样可以充分利用现代控制工具,如 LMI 技术。因此,近十年来,人们对 T – S 模糊系统进行了大量的研究,在稳定性分析与镇定、滤波器设计、可观测性、H_∞ 控制和自适应控制等方面取得了丰硕的成果[2 – 15]。

如前所述,T – S 模糊模型和复杂非线性动力学控制方法的卓有成效的研究无疑催生了模糊 SMC 方法,这些方法是为了更好地适应 T – S 模糊系统而开发的。此外,我们还看到了 T – S 模糊 SMC 方法在文献和工程中的许多应用。SMC 策略用于处理具有匹配/非匹配不确定性或执行器饱和(如文献[16 – 22])的模糊系统。同时,注意到上述文献中使用的 T – S 模糊 SMC 方案都是基于线性滑模面的。近年来,积分滑模控制(integral SMC, ISMC)由于其可以消除传统 SMC 方法中所需要的到达阶段,并且可以从控制作用的一开始就实现滑模运动,同时保留原始模型的阶数,从而在整个系统响应中保证了鲁棒性,因此受到了广泛的关注。许多关于 T – S 模糊模型 ISMC 的重要研究工作被相继报道。例如,文献[23]利用 T-S 模糊方法研究了非线性随机系统的 ISMC 设计。文献[24-25]提出了随机 T-S 模糊系统的动态 ISMC。基于自适应或基于耗散性的 ISMC 方法在文献[26-31]中被实现。但可以看到,上述 SMC/ISMC 方法主要针对正常系统,没有考虑更一般的随机过程,如马尔可夫跳变过程,更没有考虑半马尔可夫跳变过程。因此,半马尔可夫跳变 T-S 模型的 T-S 模糊 ISMC 问题成为一个有趣的问题。遗憾的是,对于具有半马尔可夫切换的 T-S 模糊系统的 ISMC,作者并没有发现很多有意义的结果。

此外,综合上述文献,我们可以发现当前研究的一些明显局限。最典型的就是要求不同的子模型必须共享相同的输入矩阵或者具有满列秩。最近,文献[24,28]考虑了这个问题。在文献[24]中,作者首先提出了一种模糊动态 ISMC 方法来处理其 T-S 模糊近似模型,其中一个积分滑模面同时具有系统状态向量和控制输入向量,但其主要缺点是系统匹配的不确定性和扰动在滑动运动阶段无法消除。文献[28]在 IMSC 设计中采用了一种新的李括号理想来处理不同的输入矩阵,但如果在 T-S 模糊模型中考虑半马尔可夫切换过程,方法会非常复杂。因此,如何在克服上述不足的同时解决带有半马尔可夫切换参数的 T-S 系统的模糊 ISMC 问题成为亟待解决的关键问题。然而,据我们所知,尚未有结果报道。

简言之,本章研究了一类连续时间非线性半马尔可夫跳变 T-S 模糊系统的鲁棒模糊 ISMC 问题。为了更好地适应 T-S 模糊模型的特点,我们将提出一个结合变换输入矩阵的新型积分滑模面,并建立可行的易于检验的 LMI 条件,以确保具有一般不确定 TRs 的滑模动力学的随机稳定性。主要研究内容包括:①针对具有参数不确定性和外部干扰的半马尔可夫跳变 T-S 模糊系统,提出了 T-S 模糊 ISMC;②提出了一种新的模糊积分滑模面函数,采用非线性补偿器来保持滑模面良好的运动特性;③提出模糊滑模控制律,在存在不确定转移信息和参数不确定性的情况下,保证滑动面的有限时间可达性,并保持所有子模型的滑动运动。

3.2　系统描述

给定概率空间 $(\Omega, \mathcal{F}, \mathcal{P})$，考虑如下非线性半马尔可夫跳变 T – S 模糊系统：

法则 1：若 $\theta_1(t)$ 为 M_{i1}，$\theta_2(t)$ 为 M_{i2}，且 $\theta_p(t)$ 为 M_{ip}

则

$$\begin{cases} \dot{x}(t) = (A_i(r_t) + \Delta A_i(r_t))x(t) + B_i(r_t)(u(t) + f(x(t), r_t)) \\ x(0) = \varphi(0) \end{cases}$$

$$(3.1)$$

其中，$\theta_1(t), \theta_2(t), \cdots, \theta_p(t)$ 为前提变量，$M_{ij}(i = 1, 2, \cdots, r, j = 1, 2, \cdots, p)$ 为模糊集，$x(t) \in \mathbb{R}^n$ 为状态向量，$u(t) \in \mathbb{R}^m$ 为控制输入，$A_i(r_t)$ 和 $B_i(r_t)$ 为相容维数的系统矩阵。假设参数不确定矩阵 $\Delta A_i(r_t)$ 是范数有界的，即

$$\Delta A_i(r_t) = E_i(r_t)F_i(r_t)H_i(r_t)$$

$$(3.2)$$

其中，$E_i(r_i)$ 和 $H_i(r_t)$ 是已知的具有适当维数的实常数矩阵。$F_i(r_i)$ 为勒贝格 – 可测元素的未知矩阵，且满足 $F_i^{\mathrm{T}}(r_t)F_i(r_t) \le I$。

$f(x(t), r_t)$ 是以下式为界的对象的未知不确定性

$$\| f(x(t), r_t) \| \le \beta(r_t) \| x(t) \|$$

$$(3.3)$$

式中：$\beta(r_t)$ 为已知的正模态相关常数。

随机跳变过程 $\{r_t, t \ge 0\}$ 是一个连续时间半马尔可夫过程，取值于有限集合 $S = \{1, 2, \cdots, s\}$，生成元由下式给出

$$\Pr\{r_{t+h} = n \mid r_t = m\} = \begin{cases} \pi_{mn}(h)h + o(h), & m \ne n \\ 1 + \pi_{mm}(h)h + o(h), & m = n \end{cases}$$

$$(3.4)$$

其中，$h > 0$ 且 $\lim\limits_{h \to 0} o(h)/h = 0$，$\pi_{mn}(h) > 0, m \ne n$ 是 t 时刻 m 模态到 $t + h$ 时刻 n

模态的转移率,且对任意 $n \in S$ 有 $\pi_{mm}(h) = -\sum_{n \neq m} \pi_{mn}(h) < 0$。生成器矩阵定义为 $\Pi = [\pi_{mn}(h)]_{s \times s}$。

通过模糊融合,即采用中心平均解模糊器、乘积模糊推理和单点模糊化,推断出整体模糊模型如下:

$$\dot{x}(t) = \sum_{i=1}^{r} h_i(\theta(t)) [(A_i(r_t) + \Delta A_i(r_t))x(t) + B_i(r_t)(u(t) + f(x(t), r_t))]$$

$$(3.5)$$

其中,$\theta(t) = [\theta_1(t)\ \theta_2(t) \cdots \theta_p(t)]^T$,$h_i(\theta(t))$ 是由下式给出的隶属函数

$$h_i(\theta(t)) = \frac{\Pi_{j=1}^{p} \mu_{ij}(\theta_j(t))}{\sum_{i=1}^{r} \Pi_{j=1}^{p} \mu_{ij}(\theta_j(t))}$$

其中,$\mu_{ij}(\theta_j(t))$ 为 $\theta_j(t)$ 在 $\theta_j(t)$ 中的隶属度。对于所有的 $t > 0$,满足 $h_i(\theta(t)) \geq 0$ 且 $\sum_{i=1}^{r} h_i(\theta(t)) = 1$。为简便起见,下文中记 $r(t) = m$。

注 3.1

在本工作中,不假设 $B_{i,m}(i = 1, 2, \cdots, r; m \in S)$ 是独立于规则并且是满列秩的,这与大多数现有文献的结果不同。因此该系统在实际应用中能更好地适应 T–S 模糊模型的特点。另外,在 T–S 模糊系统中考虑更一般的半马尔可夫切换过程,而不是马尔可夫切换。众所周知,与 MJS 不同,S–MJS 中的子模型的逗留时间服从更一般的分布,如高斯分布、威布尔分布等,而转移率一般是时变的而不是常数。因此,所提出的模型在领域上更具有一般性。

3.3　主要结果

在本节中,我们将设计一个特殊的模糊积分切换面,并对相应的滑模动力学进行随机稳定性分析。首先,需要指出的是,关于半马尔可夫切换 T–F 模糊系统的 ISMC 的研究还很少。文献[32]提出了一种时间间隔滑模面函数,并假

设不同规则的输入矩阵 $B_{i,m}$ 相同,这在实际应用中具有一定的限制性且不易实现。为此,下面介绍基于文献[16]的变换:

$$\bar{B}_m = \frac{1}{r} \sum_{i=1}^{r} B_{i,m}$$

该式满足 $(\bar{B}_m) = m$ 的秩约束,即 $\bar{B}_m$ 具有全列秩。进一步,令

$$V_m = \frac{1}{2} \begin{bmatrix} \bar{B}_m - B_{1,m} & \bar{B}_m - B_{2,m} \cdots & \bar{B}_m - B_{r,m} \end{bmatrix}$$

$$U(h) = \mathrm{diag}\begin{bmatrix} 1 - 2h_1(\theta(t)), 1 - 2h_2(\theta(t)), \cdots, 1 - 2h_r(\theta(t)) \end{bmatrix}$$

$$W = \begin{bmatrix} I & I & \cdots & I \end{bmatrix}^{\mathrm{T}}$$

因此,

$$\begin{aligned}
\bar{B}_m + V_m U(h) W &= \bar{B}_m + \frac{1}{2}\big[(\bar{B}_m - B_{1,m})(1 - 2h_l(\theta(t))) + \cdots \\
&\quad + (\bar{B}_m - B_{r,m})(1 - 2h_r(\theta(t))) \big] \\
&= \bar{B}_m + \frac{1}{2}\bar{B}_m\big[(1 - 2h_l(\theta(t))) + \cdots + (1 - 2h_r(\theta(t))) \big] \\
&\quad - \frac{1}{2}\big[B_{1,m}(1 - 2h_1(\theta(t))) + \cdots + B_{r,m}(1 - 2h_r(\theta(t))) \big] \\
&= \bar{B}_m + \frac{1}{2}\bar{B}_m\Big[r - 2\sum_{i=1}^{r} h_i(\theta(t)) \Big] - \frac{1}{2}\sum_{i=1}^{r} B_{i,m} + \sum_{i=1}^{r} h_i(\theta(t))B_{i,m} \\
&= \sum_{i=1}^{r} h_i(\theta(t))B_{i,m}
\end{aligned} \tag{3.6}$$

于是,T – S 模糊系统(3.5)进一步改写为

$$\dot{x}(t) = \sum_{i=1}^{r} h_i(\theta(t))\big[(A_{i,m} + \Delta A_{i,m})x(t) + (\bar{B}_m + \Delta \bar{B}_m)(u(t) + f_m(x,t)) \big] \tag{3.7}$$

其中, $\Delta \bar{B}_m = V_m U(h)$,使得 $U^{\mathrm{T}}(h)U(h) \leqslant I_{r \times n}$。

注 3. 2

若 $B_{i,m} = B_{j,m}(i,j = 1,2,\cdots,r)$,则 $V_m = 0$,即 $\Delta \bar{B}_m = 0$,这是现有文献大多研究的情形。因此,这里的考察更具有一般性,因为它并不假定所有的 $B_{i,m}$ 都具有

全列秩。这种分解的缺点可能是 $\sum_i^r B_{i,m} = 0$，这当然在本研究中被排除了，因为我们想提供一种潜在的方法来研究具有规则依赖输入矩阵的 T–S 模糊模型。

3.3.1 滑模面设计

在这一部分，为了更好地适应 T–S 模糊系统的特点，提出了如下模糊积分切换面函数：

$$
\begin{aligned}
s(t) = Gx(t) - \int_0^t \sum_{i=1}^t h_i(\theta(s)) G(A_{i,m} + \bar{B}_m K_{i,m}) x(s)\,\mathrm{d}s \\
- \int_0^t G\Delta \bar{B}_m (u(s) + v(s))\,\mathrm{d}s
\end{aligned}
\tag{3.8}
$$

其中，选择 $G \in \mathbb{R}^{m \times n}$ 使得 $G\bar{B}_m$ 是非奇异，采用 $K_{i,m} \in \mathbb{R}^{m \times n}$ 来稳定滑模动态，因此选取 $A_{i,m} + \bar{B}_m K_{i,m}$ 为 Hurwitz 矩阵，并设计 $v(t)$ 来衰减未知不确定性 $\Delta \bar{B}_m f_m(x,t)$ 的影响。

基于系统(3.7)和式(3.8)，有

$$
\begin{aligned}
\dot{s}(t) = \sum_{i=1}^r h_i(\theta(t)) G[\Delta A_{i,m} x(t) + \bar{B}_m(u(t) + f_m(x,t)) \\
+ \Delta \bar{B}_m(f_m(x,t) - v(t)) - \bar{B}_m K_{i,m} x(t)]
\end{aligned}
\tag{3.9}
$$

当系统(3.7)的状态轨迹到达滑模面时，即 $s(t)=0, \dot{s}(t)=0$。令 $\dot{s}(t)=0$，则等效控制变量为

$$
\begin{aligned}
u_{eq}(t) = \sum_{i=1}^t h_i(\theta(t)) [K_{i,m} - (G\bar{B}_m)^{-1} G\Delta A_{i,m}] u(t) \\
- (G\bar{B}_m)^{-1} G\Delta\bar{B}_m(f_m(x,t) - v(t)) - f_m(x,t)
\end{aligned}
\tag{3.10}
$$

然后，将式(3.10)代入式(3.7)，可以得到如下的滑模动力学模型：

48

$$\dot{x}(t) = \sum_{i=1}^{r} h_i(\theta(t)) \big[(A_{i,m} + (\bar{B}_m + \Delta\bar{B}_m)K_{i,m}$$
$$+ \mathcal{I}_m\Delta A_{i,m})x(t) - \Delta B_m(f_m(x,t) - v(t)) \big] \tag{3.11}$$

其中, $\mathcal{I}_m = I - (\bar{B}_m + \Delta\bar{B}_m)(G\bar{B}_m)^{-1}G, \Delta B_m = (\bar{B}_m + \Delta\bar{B}_m)(G\bar{B}_m)^{-1}G\Delta\bar{B}_m$。

补偿器设计为

$$v(t) = -(\beta_m \| x(t) \| + \varepsilon)\mathrm{sgn}(\bar{s}(t)) \tag{3.12}$$

其中, $\bar{s}(t) = \Delta B_m^{\mathrm{T}}P_m x(t)$, P_m 由定理 3.1 确定, $\varepsilon > 0$ 为小常数。

注 3.3

所设计的滑模面函数是唯一的,与其他工作相比有很多好处。如文献[27]假设输入矩阵具有满列秩;否则,所提出的 SMC 策略无法处理具有不确定参数的 T - S 模糊模型。文献[24 - 25]提出了一种新颖的动态滑模方法,所采用的方法与文献[33 - 35]具有相同的特点。遗憾的是,基于其滑模面设计的 SMC 策略在滑动运动阶段对系统不确定性缺乏鲁棒性。文献[28]引入了李括号来处理不同的输入矩阵,而如果考虑 T - S 模糊模型的半马尔可夫切换,该方法将非常复杂。此外,式(3.12)中引入的 $v(t)$ 可以消除 $\Delta\bar{B}_m f_m(x,t)$ 的影响,保证了滑动运动的良好性质。

注 3.4

注意到在一些工作中,如文献[29]在 T - S 模糊系统的不同运行区域分别设计积分滑模面和控制器,称为分段 ISMC。然而,所提方法由于复杂度较高,在实际中可能难以实施。此外,这里还有一些其他的担忧。首先,滑模面函数从一个子模型到另一个子模型的连续性值得商榷;如果不是,势态跳变将会发生。其次,可能会造成这样的情况:系统状态已经到达其中一个单独的滑模面,并收敛到稳定性能,但该状态又被驱动到另一个滑模面,通过分段策略破坏了前者的稳定性。更重要的是,这些滑模面之间无休止的跳变加上滑模控制器的抖振效应可能会对系统产生破坏性影响。所有三个方面使系统性能退化。然而,文献[38]提出的滑动面函数是时间连续的,对所有子模型都是通用的,可以避免上述问题。

3.3.2　随机稳定性分析

本节给出了滑模动力学的一种新的随机稳定条件(3.11)是基于一般不确定的 TR 进行研究的。

定理 3.1

如果存在正定矩阵 $P_m > 0$ 和标量 $\epsilon_{lm} > 0 (l = 1,2)$ 使得下列条件对所有的 $m \in S$ 都成立,则滑模动力学(3.11)是鲁棒随机稳定的。

$$\begin{bmatrix} \Psi_{i,m} & P_m & P_m V_m \\ * & -\epsilon_{1m}\lambda_I^{-1}I & 0 \\ * & * & -\epsilon_{2m}I \end{bmatrix} < 0 \qquad (3.13)$$

其中

$$\Psi_{i,m} = \mathrm{He}\{P_m(A_{i,m} + \overline{B}_m K_{i,m})\}\} + \epsilon_{1m}H_{i,m}^{\mathrm{T}}H_{i,m} + \epsilon_{2m}K_{i,m}^{\mathrm{T}}W^{\mathrm{T}}W_{i,m} + \sum_{n=1}^{s}\pi_{mn}(h)P_m$$

$$\lambda_{\mathcal{I}} = \lambda_{\max}\{\mathcal{I}_m E_{i,m} E_{i,m}^{\mathrm{T}} \mathcal{I}_m^{\mathrm{T}}\}$$

并且选取 $K_{i,m}$,使得 $A_{i,m} + \overline{B}_m K_{i,m}$ 为 Hurwitz 矩阵。

证明:考虑如下形式的李雅普诺夫函数

$$V(x(t), r_t) = x^{\mathrm{T}}(t)P(r_t)x(t) \qquad (3.14)$$

然后,根据定义 1.5,有

$$\mathcal{L}V(x(t), m) = \lim_{\delta \to 0}\frac{1}{\delta}\Big[\sum_{n=1, n \neq m}^{s}\mathrm{Pr}\{r_{t+\delta} = n \mid r_t = m\}x_{\delta}^{\mathrm{T}}P_n x_{\delta}$$

$$+ \mathrm{Pr}\{r_{t+\delta} = n \mid r_t = m\}x_{\delta}^{\mathrm{T}}P_m x_{\delta} - x^{\mathrm{T}}(t)P_m x(t)$$

其中 $x_{\delta} \triangleq x(t+\delta)$。对于不具有无记忆性质的逗留时间的一般分布,即 $\mathrm{Pr}\{r_{t+\delta} = n \mid r_t = m\} \neq \mathrm{Pr}\{r_{\delta} = n \mid r_0 = m\}$,由条件概率公式,有

$$\mathcal{L}V(x(t),m) = \lim_{\delta \to 0} \frac{1}{\delta} \Big[\sum_{n=1,n\neq m}^{s} \frac{q_{mn}(G_m(h+\delta) - G_m(t))}{1 - G_m(h)} x_\delta^{\mathrm{T}} P_n x_\delta$$

$$+ \frac{1 - G_m(h+\delta)}{1 - G_m(h)} x_\delta^{\mathrm{T}} P_m x_\delta - x^{\mathrm{T}}(t) P_m x(t) \Big]$$

$$= \lim_{\delta \to 0} \frac{1}{\delta} \Big[\sum_{n=1,n\neq m}^{s} \frac{q_{mn}(G_m(h+\delta) - G_m(h))}{1 - G_m(h)} x_\delta^{\mathrm{T}} P_n x_\delta$$

$$+ \frac{1 - G_m(h+\delta)}{1 - G_m(h)} [x_\delta^{\mathrm{T}} - x^{\mathrm{T}}(t)] P_m x_\delta$$

$$+ \frac{1 - G_m(h+\delta)}{1 - G_m(h)} x^{\mathrm{T}}(t) P_m^{\mathrm{T}} [x_\delta - x(t)]$$

$$- \frac{G_m(h+\delta) - G_m(h)}{1 - G_m(h)} x^{\mathrm{T}}(t) P_m x(t) \Big]$$

其中，$G_m(h)$ 是系统停留在模式 m 时逗留时间的累积分布函数，q_{mn} 是模式 m 到模式 n 的概率强度，另外，有

$$\lim_{\delta \to 0} \frac{(G_m(h+\delta) - G_m(h))}{(1 - G_m(h))\delta}$$

$$= \frac{1}{1 - G_m(h)} \lim_{\delta \to 0} \frac{(G_m(h+\delta) - G_m(h))}{\delta} = \pi_m(h)$$

其中，$\pi_m(h)$ 是系统从模式 m 跳出的 TR。现在，正如文献[36]，定义 $\pi_{mn}(h) = \pi_m(h)q_{mn}$，其中 $n \neq m$n 且 $\pi_{mm}(h) = -\sum_{n\neq m} \pi_{mn}(h)$。于是，上述等式化简为

$$\mathcal{L}V(x(t),m) = 2x^{\mathrm{T}}(t) P_m \dot{x}(t) + x^{\mathrm{T}}(t) \sum_{n=1}^{3} \pi_{mn}(h) P_n x(t)$$

$$= 2x^{\mathrm{T}}(t) P_m \sum_{i=1}^{r} h_i(\theta(t)) \big[(A_{i,m} + (\bar{B}_m + \Delta \bar{B}_m)$$

$$+ K_{i,m} [(+ \mathcal{I}_{A_m} \Delta A_{i,m}) x(t) - \Delta B_m(f_m(x,t) - v(t))]$$

$$+ x^{\mathrm{T}}(t) \sum_{m=1}^{s} \pi_{mn}(h) P_m x(t)$$

$$(3.15)$$

51

另外,有

$$2x^{\mathrm{T}}(t)P_m\Delta\bar{B}_mK_{i,m}x(t) \leqslant \epsilon_{1m}^{-1}x^{\mathrm{T}}(t)P_mV_mV_m^{\mathrm{T}}P_mx(t)$$

$$+ \epsilon_{1m}x^{\mathrm{T}}(t)K_{i,m}^{\mathrm{T}}W^{\mathrm{T}}WK_{i,m}x(t) \tag{3.16}$$

$$2x^{\mathrm{T}}(t)P_m\mathcal{I}_{A_m}\Delta A_{i,m}x(t) \leqslant \epsilon_{2m}^{-1}x^{\mathrm{T}}(t)P_m\mathcal{I}_{A_m}E_{i,m}E_{i,m}^{\mathrm{T}}\mathcal{I}_{A_m}^{\mathrm{T}}P_mx(t)$$

$$+ \epsilon_{2m}x^{\mathrm{T}}(t)H_{i,m}^{\mathrm{T}}H_{i,m}x(t)$$

$$\leqslant \epsilon_{2m}^{-1}\lambda_I x^{\mathrm{T}}(t)P_mP_mx(t) + \epsilon_{2m}x^{\mathrm{T}}(t)H_{i,m}^{\mathrm{T}}H_{i,m}x(t)$$

$$\tag{3.17}$$

结合式(3.12)中 $v(t)$ 的设计,有

$$-2x^{\mathrm{T}}(t)P_m\Delta\mathcal{B}_m(f_m(x,t)-v(t)) \leqslant -2\varepsilon\|\bar{s}(t)\| \leqslant 0 \tag{3.18}$$

总体而言,如下所述

$$-2x^{\mathrm{T}}(t)P_m\Delta\mathcal{B}_m(f_m(x,t)-v(t)) \leqslant -2\varepsilon\|\bar{s}(t)\| \leqslant 0$$

$$\mathcal{L}V(x(t),m) \leqslant \sum_{i=1}^{r}h_i(\theta(t))x^{\mathrm{T}}(t)\hat{\Gamma}_{i,m}x(t) \tag{3.19}$$

其中, $\hat{\Gamma}_{i,m} = \Gamma_{i,m} + \sum_{n=1}^{s}\pi_{mn}(h)P_n$,且

$$\Gamma_{i,m} = \mathrm{He}\{P_m(A_{i,m}+\bar{B}_mK_{i,m})\} + \epsilon_{1m}^{-1}P_mV_mV_m^{\mathrm{T}}P_m$$

$$+ \epsilon_{1m}K_{i,m}^{\mathrm{T}}W^{\mathrm{T}}WK_{i,m} + \epsilon_{2m}^{-1}\lambda_I P_mP_m + \epsilon_{2m}H_{i,m}^{\mathrm{T}}H_{i,m}$$

通过 Schur 补偿,由 $\hat{\Gamma}_{i,m}$ 的形式可知,条件(3.13)等价于 $\hat{\Gamma}_{i,m} < 0$,因此,有

$$\mathcal{L}V(x(t),m) < 0, x(t) \neq 0 \tag{3.20}$$

那么,很容易得到

$$\lim_{t\to+\infty}\mathrm{E}\left\{\int_0^t\|x(s)\|^2\mathrm{d}s\,\Big|\,x_0,r_0\right\} < +\infty \tag{3.21}$$

因此,由定义 2.1 可知,滑模动态(3.11)是随机稳定的。显然,式(3.21)的稳定性意味着 $x(t)$ 以概率 1 收敛于 0。这就完成了证明。

定理 3.1 给出了滑动模态动力学(3.11)随机稳定的条件,但注意到由于时变 $\mathrm{TR}\pi_{mn}(h)$,这些不等式在 Matlab 环境下不可解。因此,下面给出可行的严格

LMI 条件。

在实际中，$\pi_{mn}(h)$ 是一个不确定变量，在跳变过程中不容易检测到。因此，假设 $\pi_{mn}(h)$ 满足以下两种情况：一是 $\pi_{mn}(h)$ 是完全未知的；另一个是 $\pi_{mn}(h)$ 不完全已知，而是上下界已知，例如，$\pi_{mn}(h) \in [\underline{\pi}_{mn}, \overline{\pi}_{mn}]$，其中 $\underline{\pi}_{mn}$ 和 $\overline{\pi}_{mn}$ 是已知的实常数，分别表示 $\pi_{mn}(h)$ 的下界和上界。鉴于此，进一步记 $\pi_{mn}(h) \triangleq \pi_{mn} + \Delta\pi_{mn}(h)$，其中 $\pi_{mn} = \frac{1}{2}(\underline{\pi}_{mn} + \overline{\pi}_{mn})$，$|\Delta\pi_{mn}(h)| \leqslant \lambda_{mn}$，且 $\lambda_{mn} = \frac{1}{2}(\overline{\pi}_{mn} - \underline{\pi}_{mn})$。

那么，具有三种跳变模式的 TR 矩阵可以描述为

$$\prod = \begin{bmatrix} \pi_{11} + \Delta\pi_{11}(h) & ? & \pi_{13} + \Delta\pi_{13}(h) \\ ? & ? & \pi_{23} + \Delta\pi_{23}(h) \\ ? & \pi_{32} + \Delta\pi_{32}(h) & \nabla_{33} \end{bmatrix} \tag{3.22}$$

其中，"?"表示对未知 TR 的描述。为简洁起见，$\forall m \in S$，令 $I_m = I_{m,k} \bigcup I_{m,uk}$，其中

$$I_{m,k} \triangleq \{n : 对于 n \in \mathcal{S}, 可定义 \pi_{mn}\}$$

$$I_{m,uk} \triangleq \{n : 对于 n \in \mathcal{S}, \pi_{mn} 未知\}$$

在这里，假设 $I_{m,k} \neq \varnothing$ 和 $I_{m,uk} \neq \varnothing$。因此，我们可以表示如下集合：

$$I_{m,k} \triangleq \{k_{m,1}, k_{m,2}, \cdots, k_{m,0}\}, 1 \leqslant o < s$$

式中：$k_{m,s}(s \in (1,2,\cdots,o])$ 表示 TR 矩阵 $\prod$ 第 m 行第 s 个元素的索引。

定理 3.2

如果存在正定矩阵 $P_m > 0, T_{mn} > 0, Z_{mn} > 0$ 和标量 $\epsilon_{lm} > 0 (l = 1,2)$，使得下列条件对所有的 $m \in S$ 成立，则滑模动力学(3.11)是鲁棒随机稳定的。

若 $m \in I_{m,k}$，对于 $\forall l \in I_{m,uk}$，使得 $I_{m,k} \triangleq \{k_{m,1}, k_{m,2}, \cdots, k_{m,o1}\}$，

$$\begin{bmatrix} \mathcal{A}_{i,m}^{11} & P_m & P_m V_m & \mathcal{A}_m^{12} \\ * & -\epsilon_{1m}\lambda_l^{-1}I & 0 & 0 \\ * & * & -\epsilon_{2m}I & 0 \\ * & * & * & \mathcal{A}_m^{13} \end{bmatrix} < 0 \tag{3.23}$$

若 $m \in I_{m,uk}$，对于 $\forall l \in I_{m,uk}$，使得 $I_{m,k} \triangleq \{k_{m,1}, k_{m,2}, \cdots, k_{m,o2}\}, l \neq m$，

$$P_m - P_l \geqslant 0 \tag{3.24a}$$

$$\begin{bmatrix} \mathcal{A}_{i,m}^{21} & P_m & P_m V_m & \mathcal{A}_m^{22} \\ * & -\epsilon_{1m}\lambda_l^{-1}I & 0 & 0 \\ * & * & -\epsilon_{2m}I & 0 \\ * & * & * & \mathcal{A}_m^{23} \end{bmatrix} < 0 \tag{3.24b}$$

其中

$$\mathcal{A}_{i,m}^{11} = \mathrm{He}\{P_m(A_{i,m} + \bar{B}_m K_{i,m})\} + \epsilon_{1m}H_{i,m}^{\mathrm{T}}H_{i,m}$$

$$+ \sum_{n \in I_{m,k}} \left[\frac{(\lambda_{mn})^2}{4}T_{mn} + \pi_{mn}(P_n - P_l) + \epsilon_{2m}K_{i,m}^{\mathrm{T}}W^{\mathrm{T}}WK_{i,m} \right]$$

$$\mathcal{A}_m^{12} = \left[(P_{k_{m,1}} - P_l) \cdots (P_{k_{m,o1}} - P_l) \right]$$

$$\mathcal{A}_m^{13} = \left[-T_{mk_{m,1}} \quad \cdots \quad -T_{mk_{m,o1}} \right]$$

$$\mathcal{A}_{i,m}^{21} = \mathrm{He}\{P_m(A_{i,m} + \bar{B}_m K_{i,m})\} + \epsilon_{1m}H_{i,m}^{\mathrm{T}}H_{i,m}$$

$$+ \sum_{n \in I_{m,k}} \left[\frac{(\lambda_{mn})^2}{4}Z_{mn} + \pi_{mn}(P_n - P_l) + \epsilon_{2m}K_{i,m}^{\mathrm{T}}W^{\mathrm{T}}WK_{i,m} \right]$$

$$\mathcal{A}_m^{22} = \left[(P_{k_{m,1}} - P_l) \cdots (P_{k_{m,o2}} - P_l) \right]$$

$$\mathcal{A}_m^{23} = \left[-Z_{mk_{m,1}} \cdots -Z_{mk_{m,o2}} \right]$$

证明：

情形 I : $m \in I_{m,k}$。

首先，记 $\lambda_{m,k} \triangleq \sum_{n \in I_{m,k}} \pi_{mn}(h)$。由于 $I_{m,uk} \neq \varnothing$，故有 $\lambda_{m,k} < 0$。注意到 $\sum_{n=1}^{s} \pi_{mn}(h)P_n$ 可以表示为

$$\sum_{n=1}^{s} \pi_{mn}(h)P_n = \left(\sum_{n \in I_{m,k}} + \sum_{n \in I_{m,uk}} \right) \pi_{mn}(h)P_n$$

$$= \sum_{n \in I_{m,k}} \pi_{mn}(h) P_n - \lambda_{m,k} \sum_{n \in I_{m,uk}} \frac{\pi_{mn}(h)}{-\lambda_{m,k}} P_n \qquad (3.25)$$

显然 $0 \leqslant \pi_{mn}(h)/-\lambda_{m,k} \leqslant 1 (n \in I_{m,uk})$ 和 $\sum_{n \in I_{m,uk}} \dfrac{\pi_{mn}(h)}{-\lambda_{m,k}} = 1$。因此对于 $\forall l \in I_{m,uk}$，有

$$\hat{\Gamma}_{i,m} = \sum_{n \in I_{m,uk}} \frac{\pi_{mn}(h)}{-\lambda_{m,k}} \left[\Gamma_{i,m} + \sum_{n \in I_{m,k}} \pi_{mn}(h)(P_n - P_l) \right] \qquad (3.26)$$

因此，对于 $0 \leqslant \pi_{mn}(h) \leqslant -\lambda_{m,k}$，$\hat{\Gamma}_{i,m} < 0$ 可等价为

$$\Gamma_{i,m} + \sum_{n \in I_{m,k}} \pi_{mn}(h)(P_n - P_l) < 0 \qquad (3.27)$$

式 (3.27) 中

$$\sum_{n \in I_{m,k}} \pi_{mn}(h)(P_n - P_l) = \sum_{n \in I_{m,k}} \pi_{mn}(P_n - P_l) + \sum_{n \in I_{n,k}} \Delta\pi_{mn}(h)(P_n - P_l)$$

$$(3.28)$$

然后利用引理 1.4，对任意的 $T_{mn} > 0$，有

$$\sum_{n \in I_{m,k}} \Delta\pi_{mn}(h)(P_n - P_L) = \sum_{n \in I_{m,k}} \left[\frac{1}{2} \Delta\pi_{mn}(h)((P_n - P_l) + (P_n - P_l)) \right]$$

$$\leqslant \sum_{n \in I_{m,k}} \left[\frac{(\lambda_{mn})^2}{4} T_{mn} + (P_n - P_l)(T_{mn})^{-1}(P_n - P_l)^{\mathrm{T}} \right]$$

$$(3.29)$$

由式 (3.25) ~ 式 (3.29) 可以得出，当 $m \in I_{m,uk}$ 时，通过应用 Schur 补偿，式 (3.23) 保证了 $\hat{\Gamma}_{i,m} < 0$。

情形 II：$m \in I_{m,uk}$。

类似地，记 $\lambda_{m,k} \triangleq \sum_{n \in I_{m,k}} \pi_{mn}(h)$。由于 $I_{m,k} \neq \varnothing$，可以得到 $\lambda_{m,k} > 0$。则 $\sum_{n=1}^{s} \pi_{mn}(h) P_n$ 可表示为

$$\sum_{n=1}^{s} \pi_{mn}(h) P_n = \sum_{n \in I_{m,k}} \pi_{mn}(h) P_n + \pi_{mm}(h) P_m + \sum_{n \in I_{m,uk}, n \neq m} \pi_{mn}(h) P_n$$

$$= \sum_{n \in I_{m,k}} \pi_{mn}(h) P_n + \pi_{mm}(h) P_m$$

$$- \left(\pi_{mm}(h) + \lambda_{m,k} \right) \sum_{s \in I_{m,uk}, j \neq m} \frac{\pi_{mn}(h) P_n}{- \pi_{mm}(h) - \lambda_{m,k}} \quad (3.30)$$

且对于 $\forall l \in I_{m,uk}, l \neq i$,可以明显得到 $0 \leqslant \pi_{mn}(h)/ - \pi_{mm}(h) - \lambda_{m,k} \leqslant 1 (n \in I_{m,uk})$,

$$\sum_{m \in I_{m,uk}, n \neq m} \frac{\pi_{mn}(h)}{- \pi_{mm}(h) - \lambda_{m,k}} = 1 \,。$$

$$\hat{\Gamma}_{i,m} = \sum_{n \in I_{m,k}, n \neq m} \frac{\pi_{mn}(h)}{- \pi_{mn}(h) - \lambda_{m,k}} \Big[\Gamma_{i,m} + \pi_{mm}(h)(P_m - P_l)$$

$$+ \sum_{n \in I_{m,k}} \pi_{mn}(h)(P_n - P_l) \Big]$$

$$(3.31)$$

因此,对于 $0 \leqslant \pi_{mn}(h) \leqslant - \pi_{mm}(h) - \lambda_{m,k}$,$\hat{\Gamma}_{i,m} < 0$ 等价于

$$\Gamma_{i,m} + \pi_{mm}(h)(P_m - P_l) + \sum_{n \in I_{m,k}} \pi_{mn}(h)(P_n - P_l) < 0 \quad (3.32)$$

由于 $\pi_{mm}(h) < 0$,若下式条件满足,则式(3.32)成立。

$$\begin{cases} P_m - P_l \geqslant 0 \\ \Gamma_{i,m} + \sum_{n \in I_{m,k}} \pi_{mm}(h)(P_n - P_i) < 0 \end{cases} \quad (3.33)$$

此外,与式(3.28)和式(3.29)一样,对任意的 $Z_{mm} > 0$,有

$$\sum_{n \in I_{m,k}} \pi_{mn}(h)(P_n - P_i) \leqslant \sum_{m \in I_{m,k}} \pi_{mn}(P_n - P_l)$$

$$+ \sum_{n \in I_{m,k}} \Big[\frac{(\lambda_{mn})^2}{4} Z_{mn} + (P_n - P_l)(Z_{mn})^{-1}(P_n - P_l)^{\mathrm{T}} \Big]$$

$$(3.34)$$

由式(3.30)~式(3.34)可知,当 $m \in I_{m,uk}$ 时,应用 Schur 补偿式(3.24a)和式(3.24b)保证 $\hat{\Gamma}_{i,m} < 0$。综上分析,滑模动力学模型(3.13)是随机稳定的,具有一般不确定的 TR。这就完成了证明。

正如许多文献所讨论的,当 $B_{i,m} = B_{j,m} (i,j = 1,2,\cdots,r)$ 成立时,$\Delta \bar{B}_m = 0$。在这种情况下,我们也有如下推论。

推论 3.1

如果存在滑模动力学模型(3.11),则滑模动力学是鲁棒随机稳定的正定矩阵 $P_m > 0, T_{mn} > 0, Z_{mn} > 0$,以及标量 $\epsilon_m > 0$,使得以下条件适用于所有 $m \in S$。

若 $m \in I_{m,k}, \forall l \in I_{m,uk}, I_{m,k} \underline{\triangleq} \{k_{m,1}, k_{m,2}, \cdots, k_{m,o1}\}$,有

$$
\begin{bmatrix}
\mathcal{A}_{i,m}^{11} & p_m \mathcal{T}'m & \mathcal{A}_m^{12} \\
* & -\epsilon_m I & 0 \\
* & * & \mathcal{A}_m^{13}
\end{bmatrix} < 0 \tag{3.35}
$$

若 $m \in I_{m,uk}, \forall l \in I_{m,uk}, I_{m,k} \triangleq \{k_{m,1}, k_{m,2}, \cdots, k_{m,o2}\}, l \neq m$,有

$$
P_m - P_l \geqslant 0 \tag{3.36a}
$$

$$
\begin{bmatrix}
\mathcal{A}_{i,m}^{21} & P_m \mathcal{I}'_m & \mathcal{A}_m^{22} \\
* & -\epsilon_m I & 0 \\
* & * & \mathcal{A}_m^{23}
\end{bmatrix} < 0 \tag{3.36b}
$$

其中, $\mathcal{I}_m = I - B_m (GB_m)^{-1} G$,且

$$
\mathcal{A}_{i,m}^{11} = \mathrm{He}\{P_m(A_{i,m} + \bar{B}_m K_{i,m})\} + \epsilon_m H_{i,m}^{\mathrm{T}} H_{i,m} + \sum_{n \in I_{m,k}} \left[\frac{(\lambda_{mn})^2}{4} T_{mn} + \pi_{mn}(P_n - P_l) \right]
$$

$$
\mathcal{A}_{i,m}^{21} = \mathrm{He}\{P_m(A_{i,m} + \bar{B}_m K_{i,m})\} + \epsilon_m H_{i,m}^{\mathrm{T}} H_{i,m} + \sum_{n \in I_{n,k}} \left[\frac{(\lambda_{mn})^2}{4} Z_{mn} + \pi_{mn}(P_n - P_l) \right]
$$

其他符号定义在定理 3.2 中。

注 3.5

当输入矩阵与法则无关时,可以看到设计的滑模面函数可以简化,并且不需要补偿器输入来衰减未知的非线性扰动。在这种情况下,所得到的 LMI 条件易于检验,所设计的 T‑S 模糊 SMC 律更易于实现。

3.3.3　滑模面的可达性

这一部分研究滑模面 $s(t) = 0$ 的可达性问题;则可以确定在式(3.37)中设

计的控制器和定理 3.2 中有可行解的情况下, $s(t) = 0$ 将在有限的时间间隔内达到。

定理 3.3

考虑非线性半马尔可夫跳变 T - S 模糊系统(3.1)。假设式(3.8)中选择模糊滑模面函数,定理 3.2 中的条件有可行解。然后,受控系统(3.7)的轨迹在有限时间内通过如下合成的模糊 SMC 律驱动到指定的滑模面 $s(t) = 0$ 上:

$$
\begin{aligned}
u(t) &= \sum_{i=1}^{r} h_i(\theta(t)) K_{i,m} x(t) + (GB_m)^{-1} G \Delta \bar{B}_m v(t) \\
&\quad - (GB_m)^{-1} (\rho(t) + \sigma) \operatorname{sgn}(s(t))
\end{aligned}
\tag{3.37}
$$

其中, $\rho(t) = \sum_{i=1}^{r} h_i(\theta(t)) \| GE_{i,m} \| \| H_{i,m} x(t) \| + \rho_m \| G(\bar{B}_m + \Delta \bar{B}_m) \| \| x(t) \|$,且 σ 是一个小的正调谐标量。

证明: 选取如下李雅普诺夫函数

$$
V(t) = \frac{1}{2} s^{\mathrm{T}}(t) s(t)
\tag{3.38}
$$

然后,李雅普诺夫函数 $V(t)$ 沿滑模动力学轨迹的无穷小生成器如下:

$$
\begin{aligned}
\mathcal{L}V(t) &= s^{\mathrm{T}}(t) \dot{s}(t) \\
&= s^{\mathrm{T}}(t) \sum_{i}^{r} h_i(\theta(t)) G [\Delta A_{i,m} x(t) + \bar{B}_m (u(t) + f_m(x,t)) \\
&\quad + \Delta \bar{B}_m (f_m(x,t) - v(t)) - \bar{B}_m K_{i,m} x(t)] \\
&\leqslant - s^{\mathrm{T}}(t) G \left(\sum_{i}^{r} h_i(\theta(t)) \bar{B}_m K_{i,m} x(t) + \Delta \bar{B}_m v(t) \right) \\
&\quad + s^{\mathrm{T}}(t) G \bar{B}_m u(t) + |s(t)| \sum_{i}^{r} h_i(\theta(t)) \| GE_{i,m} \| \| H_{i,m} x(t) \| \\
&\quad + |s(t)| \| G(\bar{B}_m + \Delta \bar{B}_m) f_m(x,t) \|
\end{aligned}
\tag{3.39}
$$

将式(3.37)代入式(3.39),有

$$\mathcal{L}V(t) \leqslant -\sigma \parallel s(t) \parallel \leqslant -\sqrt{2}\sigma V^{\frac{1}{2}}(t) < 0, s(t) \neq 0 \qquad (3.40)$$

根据分离变量原理,由式(3.40)可以推出存在一个瞬时值 $t^* = \sqrt{2V(0)}/\sigma$ 使得 $V(t^*) = 0$;因此,对于所有的 $t \geqslant t^*$,有 $s(t) = 0$。因此,几乎可以在有限时间内保证滑动面 $s(t) = 0$ 的可达性。这就完成了证明。

类似地,对于输入矩阵不依赖于对象规则的 T－S 系统(3.1),我们有 ISMC 策略。

推论 3.2

考虑非线性半马尔可夫跳变 T－S 模糊系统(3.1)。假设文献[38]中选择模糊滑模面函数。然后,受控系统(3.7)的轨迹将在有限时间内被合成的模糊 SMC 律驱动到指定的滑模面 $s(t) = 0$ 上:

$$u(t) = \sum_{i=1}^{r} h_i(\theta(t))K_{i,m}x(t) - (GB_m)^{-1}(\rho(t) + \sigma)\mathrm{sgn}(s(t))$$

$$(3.41)$$

其中,$\rho(t) = \sum_{i=1}^{r} h_i(\theta(t)) \parallel GE_{i,m} \parallel \parallel H_{i,m}x(t) \parallel + \rho_m \parallel x(t) \parallel$,且 σ 是一个小的正调谐标量。

注 3.6

由式(3.39)特别是式(3.40)的证明可知,系统(3.1)的初始条件和调节标量 σ 直接决定了滑动面的到达时间。并且,驱动时间与初始条件的值成正比,与调谐标量 σ 成反比。另外,注意到符号函数可能产生非期望的抖振,这是 SMC 方法的主要缺点。从 20 世纪开始,出现了一些减小抖振的方法,如"准滑模控制""趋近律方法""动态滑模方法"等。

注 3.7

在实现 $\Delta \bar{B}_m$ 时,如果隶属函数过于复杂,可以在处理 $\Delta A_{i,m}$ 时用同样的方法将它们放大,即 $\parallel \Delta \bar{B}_m \parallel \leqslant \parallel V_m \parallel \parallel W \parallel$。此外,本章在 ISMC 设计中要求所

有状态分量都是可测的,且权重函数完全已知。然而,在许多实际系统中,这些信息可能由于环境因素或高成本而无法获得。注意到文献[38]研究了 T–S 模糊模型的观测器设计问题,其中权重函数依赖于完全或部分不可测变量,且存在未知输入和干扰。受他们文中提出的思想的启发,我们将在进一步的研究中考虑基于观测器的 T–S 模糊 ISMC。

现在,SMC 策略在所考虑的非线性半马尔可夫跳变 T–S 模糊系统(3.1)上的实现可以表述为:选择合适的增益矩阵 $K_{i,m}$,首先,检查式(3.23)和式(3.24)中条件的可行性。若完成,则基于式(3.8)和带有补偿器 $v(t)$ 的滑模控制器(3.37)构造滑模面(3.12)。

3.4　数值例子

在这一部分,我们将给出一个数值例子来证明所提出结果的有效性。考虑文献[37]中的单连杆机械臂,其中动力学方程为

$$\ddot{\theta}(t) = -\frac{MgL}{J}\sin(\theta(t)) - \frac{D(t)}{J}\dot{\theta}(t) + \frac{1}{J}u(t)$$

其中, $\theta(t)$ 为机械臂的角度位置, $u(t)$ 为控制输入。M 为负载质量,J 为转动惯量,g 为重力加速度,L 为臂长,$D(t)$ 为黏性摩擦系数。参数 g 和 L 的取值分别为 $g=9.81$ 和 $L=0.5$。假设参数 $D(t)=D_0=2$ 是时不变的,参数 M 和 J 有 3 种不同的模态,如表 3.1 所示。

下面给出联系三种运行模式的转移概率–速率矩阵:

$$\Pi = \begin{bmatrix} -1.5+\Delta\pi_{11}(h) & ? & ? \\ ? & ? & 0.8+\Delta\pi_{23}(h) \\ 0.5+\Delta\pi_{31}(h) & ? & -1.0+\Delta\pi_{33}(h) \end{bmatrix}$$

令 $x_1(t) = \theta(t)$ 且 $x_2(t) = \dot{\theta}(t)$，那么非线性项 $\sin(x_1(t))$ 可以表示为[37]

$$\sin(x_1(t)) = h_1(x_1(t)) x_1(t) + \beta h_2(x_1(t)) x_1(t)$$

其中，$\beta = 0.01/\pi$，且 $h_1(x_1(t)), h_2(x_1(t)) \in [0,1], h_1(x_1(t)) + h_2(x_1(t)) = 1$。
通过求解方程组，得到隶属函数 $h_1(x_1(t))$ 和 $h_2(x_1(t))$ 如下：

$$h_1(x_1(t)) = \begin{cases} \dfrac{\sin(x_1(t)) - \beta x_1(t)}{x_1(t)(1-\beta)}, & x_1(t) \neq 0 \\ \\ 1, & x_1(t) = 0 \end{cases}$$

表 3.1　参数 M 和 J 的形式和数值

模式 m	参数 M	参数 J
1	1	1
2	1.5	2
3	2	2.5

$$h_2(x_1(t)) = \begin{cases} \dfrac{x_1(t) - \sin(x_1(t))}{x_1(t)(1-\beta)}, & x_1(t) \neq 0 \\ \\ 0, & x_1(t) = 0 \end{cases}$$

从上述隶属函数可以看出，当 $x_1(t)$ 约为 0 rad 时，$h_1(x_1(t)) = 1, h_2(x_1(t)) = 0$，且当 $x_1(t)$ 约为 π rad 或 $-\pi$ rad 时，$h_1(x_1(t)) = 0, h_2(x_1(t)) = 1$。因此，当考虑系统参数不确定性时，单连杆机械臂的状态空间表示可以用如下的双规则 T-S 模糊系统表示：

法则 1：若 $x_1(t)$ "约等于 0 rad"，则 $\dot{x}(t) = (A_{1,m} + \Delta A_{1,m}) x(t) + B_{1,m}(u(t) + f_m(x(t)))$。

法则 2：若 $x_1(t)$ "约等于 π rad 或 $-\pi$ rad"，则 $\dot{x}(t) = (A_{2,m} + \Delta A_{2,m}) x(t) + B_{2,m}(u(t) + f_m(x(t)))$。

其中 $x(t) = [x_1^T(t) \ x_2^T(t)]^T$，且

$$A_{1,1} = \begin{bmatrix} 0 & 1 \\ -gL & -D_0 \end{bmatrix}, B_{1,1} = B_{2,1} = \begin{bmatrix} 0 \\ 1 \end{bmatrix},$$

$$A_{1,2} = \begin{bmatrix} 0 & 1 \\ -0.75gL & -0.5D_0 \end{bmatrix}, B_{1,2} = B_{2,2} = \begin{bmatrix} 0 \\ 0.5 \end{bmatrix},$$

$$A_{1,3} = \begin{bmatrix} 0 & 1 \\ -0.8gL & -0.4D_0 \end{bmatrix}, B_{1,3} = B_{2,3} = \begin{bmatrix} 0 \\ 0.4 \end{bmatrix},$$

$$A_{2,1} = \begin{bmatrix} 0 & 1 \\ -\beta gL & -D_0 \end{bmatrix}, A_{2,2} = \begin{bmatrix} 0 & 1 \\ -0.75\beta gL & -0.5D_0 \end{bmatrix},$$

$$A_{2,3} = \begin{bmatrix} 0 & 1 \\ -0.8\beta gL & -0.4D_0 \end{bmatrix}, E_{i,1} = \begin{bmatrix} 0 \\ 0.3 \end{bmatrix}, E_{i,2} = \begin{bmatrix} 0.1 \\ 0 \end{bmatrix}, E_{i,3} = \begin{bmatrix} 0.2 \\ 0.1 \end{bmatrix},$$

$$H_{i,1} = [0.1 -0.1], H_{i,2} = [-0.1 \quad 0.2], H_{i,2} = [0 \quad 0.1], (i \in \{1,2\})$$

选取 $\beta_m = 0.1(m=1,2,3)$。在该模型中，输入矩阵与法则无关，因此可以利用推论 3.1 中的条件来检验所提出的 SMC 理论的有效性。令 $G = [0 \quad 1]$，使得 GB_m 为非奇异，$K_{t,m} = [-2 -3](i \in [1,2,\cdots,r], m \in S)$ 且 $\Delta\pi_{mn}(h) \le \lambda_{mn} = |0.1\pi_{mn}|$。通过求解式(3.30)和式(3.31)，可以得到如下可行解：

$$P_1 = \begin{bmatrix} 5.3941 & 0.7299 \\ 0.7299 & 0.8312 \end{bmatrix}, P_2 = \begin{bmatrix} 5.9056 & 1.0500 \\ 1.0500 & 1.8304 \end{bmatrix},$$

$$P_3 = \begin{bmatrix} 5.7512 & 1.1380 \\ 1.1380 & 1.8093 \end{bmatrix}, T_{1,1} = \begin{bmatrix} 5.7453 & 0.0446 \\ 0.0446 & 5.8212 \end{bmatrix},$$

$$T_{3,1} = \begin{bmatrix} 5.6599 & 0.0451 \\ 0.0451 & 5.7602 \end{bmatrix}, T_{3,3} = \begin{bmatrix} 5.6936 & 0.0028 \\ 0.0028 & 5.6720 \end{bmatrix},$$

$$Z_{2,3} = \begin{bmatrix} 5.6416 & 0.0436 \\ 0.0436 & 5.7478 \end{bmatrix}, \epsilon_1 = 5.6063, \epsilon_2 = 5.5482, \epsilon_3 = 5.7059$$

给定初始条件 $x(0) = [0.5\pi\ -1]^{\mathrm{T}}$，可调参数 $\sigma = 0.05$ 和 $f_m(x(t)) = 0.1\sin(x_1(t))$ $(m = 1, 2, 3)$。同时，为了减小切换信号的抖振效应，将 $\mathrm{sgn}(s(t))$ 替换为 $\dfrac{s(t)}{\| s(t) \| + 0.01}$。仿真结果如图 3.1 ~ 图 3.4 所示。图 3.1 绘制了隶属函数。图 3.2 绘制了闭环系统的状态响应。图 3.3 给出了控制输入。从这些图中可以看出，通过设计的 ISMC 律，系统获得了更好的随机稳定性。同时，我们注意到当到达滑模面时，调节标量 σ 直接起作用。由式 (3.37) 可知，对于固定的初始条件，σ 值越大，到达滑动面的速度越快。但对于每个单独的仿真，这可能是不正确的，因为 σ 只限制了到达时间的上界，并且系统在不同的跳变模式下可能运行不同，这与图 3.4 和图 3.5 所示的仿真结果一致，其中跳变模式遵循图 3.4 中相同的原则。此外，为了体现滑模对非线性扰动不敏感的优越性，采用与前面相同增益矩阵的两种控制方法进行了图 3.6 的仿真。从图中可以看出，深色线条表示 ISMC 方法的响应，浅色线条表示文献 [37] 提出的控制方法的响应，深色线条比浅色线条更平滑。同样，由滑模动力学模型 (3.11) 的形式可以推导出，对系统施加的不确定性越强，ISMC 的优越性越好。

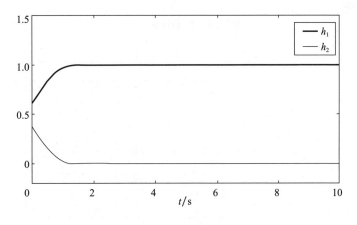

图 3.1 隶属度函数

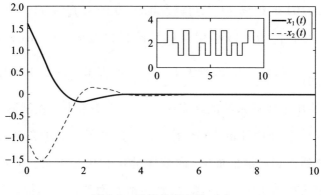

图 3.2　系统状态变量 $x(t)$

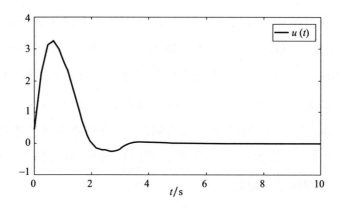

图 3.3　控制输入 $u(t)$

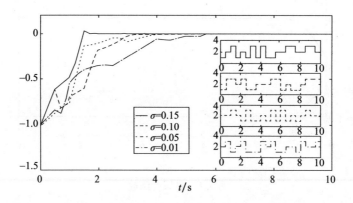

图 3.4　具有不同调谐标量 σ 的滑动曲面函数

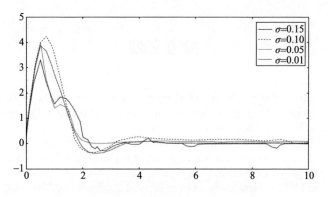

图 3.5　用不同调谐标量 σ 的控制输入

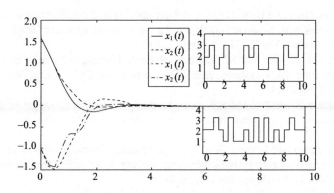

图 3.6　ISMC(深线)和文献[37](浅线)的状态响应 $x(t)$

3.5　结论

　　本章针对一类非线性半马尔可夫跳变 T - S 模糊系统,提出了一种新的模糊积分 SMC 策略。本章提出了一种新的基于不同输入矩阵的模糊积分切换面函数,推导了具有一般不确定 TRs 的滑模动力学随机稳定性的可行 LMI 条件。然后,综合模糊 SMC 律,将系统轨迹驱动到所提出的模糊切换面上。最后,通过一个实例验证了所提出的模糊 ISMC 方案的优越性和有效性。如前所述,由于系统结构的复杂性,具有不确定前提变量的 T - S 模糊系统的自适应和基于观测器的 SMC 研究将是今后非常有吸引力的方向。

参考文献

[1] T. Takagi and M. Sugeno, Fuzzy identification of systems and its application to modeling and control, *IEEE Transactions on Systems, Man, and Cybernetics, Part B, Cybernetics*, Vol. 15, No. 1, pp. 116–132, 1985.

[2] L. Wu, X. Su, P. Shi, and J. Qiu, A new approach to stability analysis and stabilization of discrete-time T-S fuzzy time-varying delay systems, *IEEE Transactions on Systems, Man, and Cybernetics, Part B, Cybernetics*, Vol. 41, No. 1, pp. 273–286, 2011.

[3] E. Kim, and H. Lee, New approaches to relaxed quadratic stability condition of fuzzy control systems, *IEEE Transactions on Fuzzy Systems*, Vol. 8, No. 5, pp. 523–534, 2000.

[4] L. Zhao, H. Gao, and H. R. Karimi, Robust stability and stabilization of uncertain T-S fuzzy systems with time-varying delay: An input output approach, *IEEE Transactions on Fuzzy Systems*, Vol. 21, No. 5, pp. 883–897, 2013.

[5] X. Su, P. Shi, L. Wu, and M. V. Basin, Reliable filtering with strict dissipativity for T-S fuzzy time-delay systems, *IEEE Transactions on Cybernetics*, Vol. 44, No. 12, pp. 2470–2483, 2014.

[6] C. N. Bhende, S. Mishra, and S. K. Jain, TS-fuzzy-controlled active power filter for load compensation, *IEEE Transactions on Power Delivery*, Vol. 21, No. 3, pp. 1459–1465, 2006.

[7] J. Qiu, G. Feng, and J. Yang, A new design of delay-dependent robust H1 filtering for discrete-time T-S fuzzy systems with time-varying delay, *IEEE Transactions on Fuzzy Systems*, Vol. 17, No. 5, pp. 1044–1058, 2009.

[8] S. W. Kau, H. J. Lee, C. M. Yang, C. Lee, and L. Hong, Robust H_∞ fuzzy static output feedback control of T-S fuzzy systems with parametric uncertainties, *Fuzzy Sets and Systems*, Vol. 158, No. 2, pp. 135–146, 2007.

[9] J. Qiu, G. Feng, and H. Gao, Static-output-feedback H_∞ control of continuous-time T-S fuzzy affine systems via piecewise Lyapunov functions, *IEEE Transactions on Fuzzy Systems*, Vol. 21, No. 2, pp. 245–261, 2013.

[10] H. Shen, Y. Men, Z. G. Wu, and J. H. Park, Nonfragile H_∞ control for fuzzy Markovian jump systems under fast sampling singular perturbation, *IEEE Transactions on Systems, Man, and Cybernetics: Systems*, Vol. 48, No. 12, pp. 2058–2069, 2017.

[11] B. Jiang, Z. Gao, P. Shi, and Y. Xu, Adaptive fault-tolerant tracking control of near-space vehicle using Takagi-Sugeno fuzzy models, *IEEE Transactions on Fuzzy Systems*, Vol. 18, No. 5, pp. 1000–1007, 2010.

[12] Y. J. Liu, S.C. Tong, and T. S. Li, Observer-based adaptive fuzzy tracking control for a class of uncertain nonlinear MIMO systems, *Fuzzy Sets and Systems*, Vol. 164, No. 1, pp. 25–44, 2011.

[13] J. J. Rubio, USNFIS: Uniform stable neuro fuzzy inference system, *Neurocomputing*, Vol. 262, pp. 57–66, 2017.

[14] L. A. Paramo-Carranza, J. A. Meda-Campaa, J. J. Rubio, R. T. Herrera, A. V. C. Lopez, A. G. Meza and I. Czares-Ramirez, Discrete-time Kalman filter for Takagi-Sugeno fuzzy models, *Evolving Systems*, Vol. 8, No. 3, pp. 211–219, 2017.

[15] A. Grande, T. Hernandez, A. V. Curtidor, L. A. Paramo, R. Tapia, I. O. Cazares and J. A Meda, Analysis of fuzzy observability property for a class of TS fuzzy models, *IEEE Latin America Transactions*, Vol. 15, No. 4, pp. 595–602, 2017.

[16] H. H. Choi, Robust stabilization of uncertain fuzzy systems using variable structure system approach, *IEEE Transactions on Fuzzy Systems*, Vol. 16, No. 3, pp. 715–724, 2008.

[17] J. Zhang, P. Shi, and Y. Xia, Robust adaptive sliding-mode control for fuzzy systems with mismatched uncertainties, *IEEE Transactions on Fuzzy Systems*, Vol. 18, No. 4, pp. 700–711, 2010.

[18] H. Li, J. Wang, and P. Shi, Output-feedback based sliding mode control for fuzzy systems with actuator saturation, *IEEE Transactions on Fuzzy Systems*, Vol. 24, No. 6, pp. 1282–1293, 2016.

[19] H. H. Choi, Adaptive controller design for uncertain fuzzy systems using variable structure control approach, *Automatica*, Vol. 45, No. 11, pp. 2646–2650, 2009.

[20] Z. Xi, G. Feng, T. Hesketh, Piecewise sliding-mode control for T-S fuzzy systems, *IEEE Transactions on Fuzzy Systems*, Vol. 19, No. 4, pp. 707–716, 2011.

[21] S. Wen, T. Huang, X. Yu, and M. Chen, Aperiodic sampled-data sliding-mode control of fuzzy systems with communication delays via the event-triggered method, *IEEE Transactions on Fuzzy Systems*, Vol. 24, No. 5, pp. 1048–1057, 2016.

[22] C. L. Hwang, A novel Takagi-Sugeno-based robust adaptive fuzzy sliding-mode controller, *IEEE Transactions on Fuzzy Systems*, Vol. 12, No. 5, pp. 676–687, 2004.

[23] D. W. C. Ho, and Y. Niu, Robust fuzzy design for nonlinear uncertain stochastic systems via sliding-mode control, *IEEE Transactions on Fuzzy Systems*, Vol. 15, No. 3, pp. 350–358, 2007.

[24] Q. Gao, G. Feng, Z. Xi, and Y. Wang, A new design of robust H_∞ sliding mode control for uncertain stochastic T-S fuzzy time-delay systems, *IEEE Transactions on Cybernetics*, Vol. 44, No. 9, pp. 1556–1566, 2014.

[25] Q. Gao, G. Feng, Z. Xi, Y. Wang, and J. Qiu, Robust H_∞ control of T-S fuzzy time-delay systems via a new sliding-mode scheme, *IEEE Transactions on Fuzzy Systems*, Vol. 22, No. 2, pp. 459–465, 2014.

[26] H. Li, J. Wang, H. K. Lam, and Q. Zhou, Adaptive sliding mode control for interval type-2 fuzzy systems, *IEEE Transactions on Systems, Man, and Cybernetics: Systems*, Vol. 46, No. 12, pp. 1654–1663, 2016.

[27] H. Li, J. Wang, H. Du, and H. R. Karimi, Adaptive sliding mode control for Takagi-Sugeno fuzzy systems and its applications, *IEEE Transactions on Fuzzy Systems*, Vol. 26, No. 2, pp. 531–542, 2018.

[28] Y. Wang, H. Shen, H. R. Karimi, and D. P. Duan, Dissipativity-based fuzzy integral sliding mode control of continuous-time T-S fuzzy systems, *IEEE Transactions on Fuzzy Systems*, Vol. 26, No. 3, pp. 1164–1176, 2018.

[29] Z. Xi, G. Feng, and T. Hesketh, Piecewise integral sliding-mode control for TS fuzzy systems, *IEEE Transactions on Fuzzy Systems*, Vol. 19, No. 1, pp. 65–74, 2011.

[30] Q. Gao, L. Liu, G. Feng, and Y. Wang, Universal fuzzy integral sliding-mode controllers for stochastic nonlinear systems, *IEEE Transactions on Cybernetics*, Vol. 44, No. 12, pp. 2658–2669, 2014.

[31] J. Li, Q. Zhang, X. G. Yan, and S. K. Spurgeon, Robust stabilization of T-S fuzzy stochastic descriptor systems via integral sliding modes, *IEEE Transactions on Cybernetics*, Vol. 48, No. 9, pp. 2736–2749, 2017.

[32] J. Li, Q. Zhang, X. G. Yan, and S. K. Spurgeon, Integral sliding mode control for Markovian jump T-S fuzzy descriptor systems based on the super-twisting algorithm, *IET Control Theory & Applications*, Vol. 11, No. 8, pp. 1134–1143, 2016.

[33] J. J. Rubio, E. Soriano, C. F. Juarez and J. Pacheco, Sliding mode regulator for the perturbations attenuation in two tank plants, *IEEE Access*, Vol. 5, pp. 20504–20511, 2017.

[34] C. A. Ibanez, Stabilization of the PVTOL aircraft based on a sliding mode and a saturation function, *International Journal of Robust and Nonlinear Control*, Vol. 27, No. 5, pp. 843–859, 2017.

[35] J. J. Rubio, Robust feedback linearization for nonlinear processes control, *ISA Transactions*, Vol. 74, pp. 155–164, 2018.

[36] J. Huang, and Y. Shi, H_∞ state-feedback control for semi-markov jump linear systems with time-varying delays, *Journal of Dynamic Systems, Measurement, and Control*, Vol. 135, No. 4, 041012, 2013.

[37] H. N. Wu and K. Y. Cai, Mode-independent robust stabilization for uncertain Markovian jump nonlinear systems via fuzzy control, *IEEE Transactions on Systems, Man, and Cybernetics: Systems*, Vol. 36, No. 3, pp. 509–519, 2005.

[38] M. Chadli and H. R. Karimi, Robust observer design for unknown inputs Takagi-Sugeno models, *IEEE Transactions on Fuzzy Systems*, Vol. 21, No. 1, pp. 158–164, Feb. 2013.

第4章　半马尔可夫跳变系统的
有限时间模糊滑模控制

4.1　引言

众所周知,稳定性问题是控制社区的基本问题之一。方便起见,关于稳定性的结果常被称为李雅普诺夫稳定性(Lyapunov stability,LS)。LS 的一个典型性质是当时间趋于无穷大时,系统的解将趋于平衡状态。而许多实际系统只关心固定或有限时间区间内的性能,因为在存在饱和的情况下,系统状态的大值是不可接受的[1],因为它不允许状态在给定初始条件下的有限时间区间内超过规定值。更重要的是,大多数工作仅涉及基于经典稳定性理论的无限时间区间上的稳定性和性能准则。因此,Peter Dorato[2]提出了有限时间稳定性分析。后来,Amato[3]等考虑了初始条件和外部扰动,进行了有限时间有界性分析。最近,围绕有限时间稳定性分析,滑模控制(SMC)方法已经应用于有限时间控制。例如,文献[4-5]利用 SMC 方法研究了非线性系统的有限时间镇定问题。而这些研究都是基于状态变量的精确信息。文献[5]研究了不可测状态马尔可夫跳变系统的有限时间 SMC。然而,正如我们所知,SMC 格式包含两个步骤:滑动运动阶段和到达阶段。但文献[6]中的有限时间有界性分析只在后一阶段进行——到达阶段的有界性性能被忽略了,因此一个问题是如何调节到达阶段系统的有限时间有界性性能。因此,S-MJS 的有限时间模糊 SMC 是一个需要解决的难题,考虑其不可测的状态变量、不可测的前提变量和一般不确定的时变转移率。

基于上述分析,本章将研究基于观测器的模糊 SMC 有限时间综合 S – MJS 问题,其中前提变量不可测。主要研究内容包括:①针对前提变量不可测且 TR 一般不确定的 S – MJS,提出了基于观测器的有限时间模糊 SMC;②设计了模糊滑模控制器,保证滑模面在规定时间之前的有限时间内到达;③同时保证了基于观测器的受控系统在到达阶段和滑动运动阶段的有限时间有界性;④建立综合可行条件,保证带有误差动态的模糊观测器系统在整个阶段是有限时间有界的。

4.2　系统描述

通过概率空间$(\Omega, \mathcal{F}, \mathcal{P})$上的 T – S 模糊模型考虑如下 S – MJS:

法则 Ⅰ:若 $x_1(t)$ 等于 M_{i1},$x_2(t)$ 等于 M_{i2},$\cdots$,$x_n(t)$ 等于 M_{in},则

$$\begin{cases} \dot{x}(t) = A_i(r_i)x(t) + B_i(r_i)u(t) \\ y(t) = C(r_i)x(t) \\ x(0) = \varphi(0) \end{cases} \tag{4.1}$$

其中,$x(t) = [\,x_1(t) \quad x_2(t) \cdots \quad x_n(t)\,]^T \in \mathbb{R}^n$ 表示状态变量,$x_1(t), \cdots,$ $x_n(t)$ 为前提变量,$M_{ij}(i = 1, 2, \cdots, r; j = 1, 2, \cdots, n)$ 为模糊集;$u(t) \in \mathbb{R}^w$ 为控制输入;$y(t) \in \mathbb{R}^p$ 为被控输出。$A_i(r_i)$、$B_i(r_i)$ 和 $C(r_i)$ 为具有适当维数的系统矩阵。

$\{r_i, t \geq 0\}$ 连续时间的半马尔可夫过程,在有限集 $S = \{1, 2, \cdots, s\}$ 中取离散值,其转移概率满足:

$$\Pr\{r_{i+h} = n | r_t = m\} = \begin{cases} \pi_{mn}(h)h + o(h), & m \neq n \\ 1 + \pi_{mn}(h)h + o(h), & m = n \end{cases} \tag{4.2}$$

式中:$h > 0, \lim\limits_{h \to 0} o(h)/h = 0, \pi_{mn}(h) > 0, m \neq n$ 为 t 时刻 m 模态到 $t + h$ 时刻 n 模

态的转移率,且对每个 $n \in \mathcal{S}$,有 $\pi_{mm}(h) = -\sum\limits_{n \neq m} \pi_{mm}(h) < 0$。生成器矩阵定义为 $\Pi = [\pi_{mm}(h)]_{s \times s}$。为简便起见,下文中记 $r(t) = m$。

从实际角度来看,由于考虑到系统结构的高度复杂性,半马尔可夫过程中的时变 TR 不易直接获取。因此,本章考虑更一般的不确定 TR,认为 TR$\pi_{mn}(h)$ 满足以下两个条件之一:

(1) $\pi_{mn}(h)$ 是完全未知;

(2) $\pi_{mn}(h)$ 不是完全已知,但上界和下界已知。

对于条件(2),例如,假设 $\pi_{mn}(h) \in [\underline{\pi}_{mn}, \overline{\pi}_{mn}]$,其中 $\underline{\pi}_{mn}$ 和 $\overline{\pi}_{mn}$ 是已知的实常数,分别表示 $\pi_{mn}(h)$ 的下界和上界。鉴于此,我们进一步记 $\pi_{mn}(h) \triangleq \pi_{mn} + \Delta\pi_{mn}(h)$,其中 $\pi_{mn} = \frac{1}{2}(\overline{\pi}_{mn} + \underline{\pi}_{mn})$,$|\Delta\pi_{mn}(h)| \leqslant \lambda_{mn}$,$\lambda_{mn} = \frac{1}{2}(\overline{\pi}_{mn} - \underline{\pi}_{mn})$。

因此,3 种跳变模式的 TR 矩阵可描述为

$$
\begin{bmatrix}
\pi_{11} + \Delta\pi_{11}(h) & ? & \pi_{13} + \Delta\pi_{13}(h) \\
? & ? & \pi_{23} + \Delta\pi_{23}(h) \\
? & \pi_{32} + \Delta\pi_{32}(h) & ?
\end{bmatrix} \tag{4.3}
$$

其中,"?"表示对未知 TR 的描述。为简洁起见,$\forall m \in \mathcal{S}$,令 $I_m = I_{m,k} \cup I_{m,uk}$,其中

$$
I_{m,k} \triangleq \{n: 对于 n \in \mathcal{S}, 可定义 \pi_{mn}\}
$$

$$
I_{m,uk} \triangleq \{n: 对于 n \in \mathcal{S}, \pi_{mn} 未知\}
$$

在这里,假设 $I_{m,k} \neq \varnothing$ 和 $I_{m,uk} \neq \varnothing$。因此,我们可以表示如下集合:

$$
I_{m,k} \triangleq \{k_{m,1}, k_{m,2}, \cdots, k_{m,o}\} \, 1 \leqslant o < s
$$

式中:$k_{m,s}(s \in [1, 2, \cdots, o])$ 表示 TR 矩阵 Π 第 m 行第 s 个元素的索引。

注 4.1

这里不考虑 $I_{m,k} = \varnothing$ 和 $I_{m,k} = \{1, 2, \cdots, s\}$,因为这两种情况分别代表了一个完全坏的情形和一个完全理想的情形。对于前一种情况,到目前为止还不容易

给出好的结果,而后一种情况已经被少数人研究过。

通过模糊混合,即采用中心平均解模糊器,乘积模糊推理和单点模糊化,整体模糊模型(4.1)被推断如下:

$$\begin{cases} \dot{x}(t) = \sum_{i=1}^{r} h_i(x(t))[A_i(r_t)x(t) + B_i(r_t)u(t)] \\ y(t) = C(r_i)x(t) \end{cases} \quad (4.4)$$

式中:$h_i(x(t))$是由$h_i(x(t)) = \dfrac{\prod_{j=1}^{n} \mu_{ij}(x_j(t))}{\sum_{i=1}^{r} \prod_{j=1}^{n} \mu_{ij}(x_j(t))}$给出的隶属函数,$\mu_{ij}(x_j(t))$为

$x_j(t)$在μ_{ij}中的隶属度。对于所有的$t>0$,满足$h_i(x(t)) \geqslant 0$和$\sum_{i=1}^{r} h_i(x(t)) = 1$。

假设 4.1

输入矩阵满足$B_{1,m} = B_{2,m} = \cdots = B_{r,m}$且具有满列秩。

假设 4.2

$(A_{i,m}, B_m)$是可控的,$(A_{i,m}, C_m)$是可观测的。

考虑系统状态中不可用的前提变量。因此,设计如下模糊状态观测器:

观测器法则 I :若$x_1(t)$等于M_{i1},$x_2(t)$等于M_{i2},$x_n(t)$等于M_{in},则

$$\begin{cases} \dot{\hat{x}}(t) = A_{i,m}\hat{x}(t) + B_m u(t) + L_{i,m}(y(t) - \hat{y}(t)) \\ \hat{y}(t) = C_m\hat{x}(t) \\ \hat{x}(0) = \varphi(0) \end{cases} \quad (4.5)$$

其中,$\hat{x}(t)$和$\hat{y}(t)$分别是状态$x(t)$和输出$y(t)$的估计值,$L_{i,m}$为观测器增益,适当的维数待后确定。

然后,将模糊观测器(4.5)推导为

$$\begin{cases} \dot{\hat{x}}(t) = \sum_{i=1}^{r} h_i(\hat{x}(t))[A_{i,m}\hat{x}(t) + B_m u(t) + L_{i,m}(y(t) - \hat{y}(t))] \\ \hat{y}(t) = C_m\hat{x}(t) \end{cases} \quad (4.6)$$

定义 $\theta(t) \underline{\Delta} x(t) - \hat{x}(t)$ 为估计误差。结合式(4.4)和式(4.6)可得误差动态如下：

$$\dot{\theta}(t) = \sum_{i=1}^{r} h_i(\hat{x}(t))[(A_{i,m} - L_{i,m}C_m)\theta(t)] + w(t) \tag{4.7}$$

其中 $w(t) = \sum_{i=1}^{r} (h_i(x(t)) - h_i(\hat{x}(t)))\dot{x}(t)$ 视为扰动，并假设 $w(t)$ 满足

$$\int_0^T w^{\mathrm{T}}(s)w(s)\mathrm{d}s \leqslant d, d \geqslant 0 \tag{4.8}$$

其中，d 为已知参数。

注 4.2

在许多其他工作中，假设前提变量是独立于设计观测器且可测量的，这限制了模型的实际应用。在参考文献[7]中，提出了 T–S 模型中未知输入的鲁棒观测器设计前提变量不可测。然而，前提变量是独立估计的，而在许多实际问题中，前提变量可能依赖于不可测的状态变量，当前提变量为系统状态[8]时，模糊系统描述了最广泛的一类非线性系统。因此，要实现真正的滑模观测器设计，模糊观测器的前提变量依赖于模糊观测器估计的状态变量是有意义的。一个系统被认为是有限时间有界的(finite – time – bounded，FTB)，如果给定初始条件，对于所有可接受的输入，在特定的有限时间内状态保持在规定的限度内。

定义 4.1

给定两个标量 $c_1 > 0$ 和 $c_2 > 0$ 且 $c_1 < c_2$，权重矩阵 $R > 0$，时间间隔为 $[0, T]$，如果对于 $\forall t \in [0, T]$ 下式成立，则模糊观测器系统(4.5)是关于 $[c_1, c_2, \mathrm{T}, R, d]$ 的 FTB。

$$\hat{x}^{\mathrm{T}}(0)R\hat{x}(0) + \theta^{\mathrm{T}}(0)R\theta(0) \leqslant c_1 \Rightarrow \mathrm{E}[\hat{x}^{\mathrm{T}}(t)R\hat{x}(t)] \leqslant c_2 \tag{4.9}$$

注 4.3

鉴于上述定义，有限时间稳定的概念不同于李雅普诺夫渐近稳定的概念，有限时间稳定的一般思想是关注状态在有限时间区间上的有界性。一方面，有

限时间稳定系统可能是李雅普诺夫稳定的,而李雅普诺夫稳定系统如果在暂态期间的状态超过规定的界限,则可能不是有限时间稳定的。另一方面,不同于非线性系统中有限时间稳定性的概念,即状态轨迹可以在有限时间区间内达到平衡点,同时仍然保持稳定的经典特征,显然,这不是我们在本章中考虑的情况,但这两者对于不同的实际应用都很重要。该部分的目的可以归结为通过滑模方法研究模糊观测器系统(4.6)的有限时间有界性,具有误差动力学模型(4.7)。众所周知,SMC 包括两个阶段:到达阶段和滑动运动阶段。因此,在两个阶段都必须保证性质(4.9),并且还必须保证当在时间 T^* 到达滑动面时,它保持 $T^* \leqslant T$。

4.3 主要结果

4.3.1 滑动面在 T^* 上的有限时间收敛性

基于状态观测器(4.6),我们提出如下模糊积分滑模面函数:

$$s(t) = G\hat{x}(t) - \int_0^t \sum_{i=1}^r h_i(\hat{x}(s)) G(A_{i,m} + B_m K_{i,m})\hat{x}(s)\,\mathrm{d}s \qquad (4.10)$$

其中,选择 $G \in \mathbb{R}^{m \times n}$ 使得 GB_m 是非奇异的,选择 $K_{i,m} \in \mathbb{R}^{m \times n}$ 使得 $A_{i,m} + B_m K_{i,m}$ 是 Hurwitz 矩阵。

接下来,设计基于观测器的滑模控制器,使得滑模面 $s(t) = 0$ 能够在规定的时间 T 之前到达,并且保证到达时间 $T^* \leqslant T$。此后,控制器保持状态保持在滑模面上。

定理 4.1

给定所设计的模糊观测器系统(4.6),在式(4.10)中提出了滑模面函数。然后,在 T^* 内通过设计如下的模糊 SMC 律在有限时间内到达滑模面 $s(t) = 0$:

$$u(t) = \sum_{i=1}^{r} h_i(\hat{x}(t)) K_{i,m}\hat{x}(t) - (GB_m)^{-1}(\rho(t) + \delta)\mathrm{sgn}(s(t)) \quad (4.11)$$

其中

$$\rho(t) = \max_{m \in S} \sum_{i=1}^{r} h_i(\hat{x}(t))[\ \|GL_{i,m}\|\ \|y(t)\|\ +\ \|GL_{i,m}C_m\|\ \|\hat{x}(t)\|\ ]$$

$$\delta \geqslant \frac{\|G\hat{x}(0)\|}{T}$$

证明：选取如下李雅普诺夫函数

$$V(t) = \frac{1}{2}s^{\mathrm{T}}(t)s(t) \quad (4.12)$$

然后，给出模糊观测器系统沿轨迹的李雅普诺夫函数 $V(t)$ 的无穷小生成元为

$$\mathcal{L}V(t) = s^{\mathrm{T}}(t)\dot{s}(t)$$

$$= s^{\mathrm{T}}(t) \sum_{i=1}^{r} h_i(\hat{x}(t))G[L_{i,m}C_m\theta(t) - B_mK_{i,m}\hat{x}(t) + GB_mu(t)]$$

$$\leqslant \|s(t)\| \sum_{i}^{r} h_i(\hat{x}(t))[\ \|GL_{i,m}\|\ \|y(t)\|\ +\ \|GL_{i,m}C_m\|\ \|\hat{x}(t)\|\ ]$$

$$- s^{\mathrm{T}}(t) \sum_{i=1}^{r} h_i(\hat{x}(t))GB_mK_{i,m}\hat{x}(t) + s^{\mathrm{T}}(t)GB_mu(t)$$

$$(4.13)$$

结合控制器(4.11)，有

$$\mathcal{L}V(t) \leqslant -\delta\|s(t)\| = -\delta\sqrt{2}V^{\frac{1}{2}}(t) \quad (4.14)$$

由上面的不等式，可以推出存在一个即时 $T^* \leqslant \sqrt{2V(0)}/\delta$，满足对所有的 $t \geqslant T^*$，$V(t) = 0$（即 $s(t) = 0$）。另外，

$$V(0) = \frac{1}{2}\|s(0)\|^2 = \frac{1}{2}\|G\hat{x}(0)\|^2 \quad (4.15)$$

因此得到 $T^* \leqslant \dfrac{\|G\hat{x}(0)\|}{\delta}$。

结合控制器(4.11)中设计的 δ，可得 $T^* \leqslant T$。因此，滑动面 $s(t) = 0$ 可以在 T 时刻之前达到。这就完成了证明。

注 4.4

由上面的证明可以看出,控制器(4.11)中的参数 δ 关系到在时间 T 之前是否能到达滑模面。由证明可知 δ 的值越大,达到滑动面的速度越快。

4.3.2　区间 $[0, T^*]$ 的有限时间有界性分析

在本节中,我们将证明控制器(4.11)结合误差动力学模型(4.7)在区间 $[0, T^*]$ 的模糊观测器系统(4.6)是 FTB。得到模糊观测器(4.6)在到达阶段的闭环系统:

$$\dot{\hat{x}}(t) = \sum_{i=1}^{r} h_i(\hat{x}(t))\left[(A_{i,m} + B_m K_{i,m})\hat{x}(t) + L_{i,m}C_m\theta(t) - B_m (GB_m)^{-1}\hat{\rho}(t) \right]$$

$$(4.16)$$

其中,$\hat{\rho}(t) = (\rho(t) + \delta)\,\mathrm{sgn}(s(t))$。

下面结合误差动态(4.7)给出保证整个闭环系统(4.16)为 FTB 的条件。

定理 4.2

对于给定的标量 $T^* > 0$,结合误差动态(4.7),通过设计控制器(4.11),模糊系统(4.16)是关于 $[c_1, c_2, T^*, R, d]$ 的 FTB,如果存在矩阵 $P_m > 0$, $Q_1 > 0$, $Q_2 > 0$,正标量 $\beta > 0$, $\gamma > 0$, $c' > 0$,使得对所有的 $m \in S$ 满足下列条件:

$$Q_1 - 12a^3\gamma I \geq 0 \tag{4.17}$$

$$Q_2 - 3a^2\gamma I \geq 0 \tag{4.18}$$

$$\begin{bmatrix} \Theta_{i,m}^1 & H_{i,m}C_m & 0 & -P_m B_m (GB_m)^{-1} \\ * & \Theta_{i,m}^2 & P_m & 0 \\ * & * & -\beta I & 0 \\ * & * & * & -\gamma I \end{bmatrix} < 0 \tag{4.19}$$

$$\frac{c_1\lambda_1 + \beta d(1 - e^{-\alpha T'})/\alpha + 3\delta^2\gamma T^*}{\lambda_2} < e^{-\alpha T''}c' \tag{4.20}$$

其中, $a = \max_{i,m \in S} \parallel GL_{i,m}C_m \parallel, \lambda_1 = \lambda_{\max}(\overline{P}_m), \lambda_2 = \lambda_{\min}(\overline{P}_m), \overline{P}_m = R^{-\frac{1}{2}}P_m R^{-\frac{1}{2}}$,且

$$\Theta_{i,m}^1 = \mathrm{He}[P_m(A_{i,m} + B_m K_{i,m})] = \alpha P_m + Q_1 + \sum_{n=1}^{s} \pi_{mm}(h)P_n$$

$$\Theta_{i,m}^2 = \mathrm{He}\{P_m A_{i,m} - H_{i,m}C_m] - \alpha P_m + Q_2 + \sum_{n=1}^{s} \pi_{mn}(h)P_n$$

其中选取 $K_{i,m}$ 使得 $A_{i,m} + B_m K_{i,m}$ 是 Hurwitz 矩阵。此外,观测器增益矩阵由 $L_{i,m} = P_m^{-1}H_{i,m}$ 给出。

证明: 选取如下李雅普诺夫函数

$$V(\hat{x}(t), \theta(t), r_i) = \hat{x}^{\mathrm{T}}(t)P(r_i)\hat{x}(t) + \theta^{\mathrm{T}}(t)P(r_i)\theta(t)$$
$$+ \int_0^t e^{\alpha(t-s)}\hat{x}^{\mathrm{T}}(s)Q_1\hat{x}(s)\,\mathrm{d}s + \int_0^t e^{\alpha(t-x)}\theta^{\mathrm{T}}(s)Q_2\theta(s)\,\mathrm{d}s \quad (4.21)$$

然后,得到

$$\mathcal{L}V(\hat{x}(t), \theta(t), t) = 2\hat{x}^{\mathrm{T}}(t)P_m \sum_{i=1}^{r} h_i(\hat{x}(t))[(A_{i,m} + B_m K_{i,m})\hat{x}(t) + L_{i,m}C_m\theta(t)$$
$$- B_m(GB_m)^{-1}\hat{\rho}(t)] + \hat{x}^{\mathrm{T}}(t)\sum_{n=1}^{s}\pi_{mn}(h)P_n\hat{x}(t)$$
$$+ 2e^{\mathrm{T}}(t)P_m \sum_{i=1}^{r} h_i(\hat{x}(t))[(A_{i,m} - L_{i,m}C_m)\theta(t) + w(t)]$$
$$+ \theta^{\mathrm{T}}(t)\sum_{m=1}^{1}\pi_{mn}(h)P_m\theta(t) + \hat{x}^{\mathrm{T}}(t)Q_1\hat{x}(t) + \theta^{\mathrm{T}}(t)Q_2\theta(t)$$
$$+ \alpha V(t) - \alpha\hat{x}^{\mathrm{T}}(t)P_m\hat{x}(t) - \alpha\theta^{\mathrm{T}}(t)P_m\theta(t) \quad (4.22)$$

定义 $P_m L_{i,m} = H_{i,m}$,基于式(4.19),得到

$$\mathcal{L}V(t) - \alpha V(t) - \beta w^{\mathrm{T}}(t)w(t) - \gamma\hat{\rho}^{\mathrm{T}}(t)(t)\hat{\rho}(t) \leqslant \eta^{\mathrm{T}}(t)\Theta_{i,m}\eta(t) < 0$$
$$(4.23)$$

其中 $\eta^{\mathrm{T}}(t) = [\hat{x}^{\mathrm{T}}(t)\theta^{\mathrm{T}}(t)w^{\mathrm{T}}(t)\hat{\rho}^{\mathrm{T}}(t)]$。然后,由(4.23)可知:

$$e^{-\alpha t}\mathrm{E}[\mathcal{L}V(t) - \alpha V(t] \leqslant e^{-\alpha t}\mathrm{E}[\beta w^{\mathrm{T}}(t)w(t) + \gamma\hat{\rho}^{\mathrm{T}}(t)\hat{\rho}(t)] \quad (4.24)$$

对式(4.24)从 0 到 t 进行积分,得

$$\mathrm{E}V(t) \leqslant e^{\alpha t}V(0) + e^{\alpha t}\mathrm{E}\int_0^t e^{-\alpha x}[\beta w^{\mathrm{T}}(s)w(s) + \gamma\hat{\rho}^{\mathrm{T}}(s)\hat{\rho}(s)]\,\mathrm{d}s \quad (4.25)$$

考虑到式(4.21),得到

$$
\begin{aligned}
\mathrm{E}\big[\hat{x}^{\mathrm{T}}(t)P_m\hat{x}(t)\big] \leqslant{}& \mathrm{e}^{\alpha t}V(0) + \mathrm{E}\int_0^t \mathrm{e}^{\alpha(t-s)}\big[\beta w^{\mathrm{T}}(s)w(s) \\
&+ 3\gamma\delta^2\big]\mathrm{d}s - \mathrm{E}\int_0^t \mathrm{e}^{\alpha(t-x)}\hat{x}^{\mathrm{T}}(s)(Q_1 - 12a^2\gamma I)\hat{x}(s)\,\mathrm{d}s \\
&- \mathrm{E}\int_0^t \mathrm{e}^{\alpha(t-x)}e^{\mathrm{T}}(s)(Q_2 - 3a^2\gamma I)e(s)\,\mathrm{d}s \\
\leqslant{}& \mathrm{e}^{\alpha t}V(0) + \mathrm{E}\int_0^t \mathrm{e}^{\alpha(t-x)}\big[\beta w^{\mathrm{T}}(s)w(s) + 3\gamma\delta^2\big]\mathrm{d}s \quad (4.26)
\end{aligned}
$$

其中 $\hat{\rho}^{\mathrm{T}}(t)\hat{\rho}(t)\leqslant 3\delta^2 + 3u^2\parallel\theta(t)\parallel^2 + 3(2u)^2\parallel\hat{a}(t)\parallel^2$。

现由 $\bar{P}_w = R^{-\frac{1}{2}}P_m R^{-\frac{1}{2}}$,得到

$$
\begin{aligned}
V(0) ={}& \hat{x}^{\mathrm{T}}(0)P_m\hat{x}(0) + e^{\mathrm{T}}(0)P_m e(0) \\
\leqslant{}& \lambda_{\max}\{\bar{P}_m\}(\hat{x}^{\mathrm{T}}(0)P_m\hat{x}(0) + \theta^{\mathrm{T}}(0)P_m\theta(0)) \\
\leqslant{}& c_1\lambda_{\max}\{\hat{\rho}_m\}
\end{aligned} \tag{4.27}
$$

另外,存在

$$
\mathrm{E}\big[\hat{x}^{\mathrm{T}}(t)P_m\hat{x}(t)\big] \geqslant \lambda_{\min}\big[\bar{P}_m\big]\mathrm{E}\big[\hat{x}^{\mathrm{T}}(t)R\hat{x}(t)\big] \tag{4.28}
$$

因此,结合式(4.26)~式(4.28),得到

$$
\mathrm{E}\big[\hat{x}^{\mathrm{T}}(t)R\hat{x}(t)\big] \leqslant \frac{\mathrm{e}^{\alpha T^*}\big[c_1\lambda_1 + \beta d(1 - \mathrm{e}^{-\alpha T^*})/\alpha + 3\gamma\delta^2 T^*\big]}{\lambda_2} \tag{4.29}
$$

由(4.20)中的条件,我们可以得到对于 $\forall t\in[0,T^*]$,$\mathrm{E}\big[\hat{x}^{\mathrm{T}}(t)R\hat{x}(t)\big]\leqslant c'x\in t$ $[0,T]^*$ 成立,这就完成了证明。

注4.5

定理4.2给出了模糊观测器系统(4.6)在到达滑模面之前的有限时间有界性,而由定义4.1,要求 $\mathrm{E}\big[\hat{x}^{\mathrm{T}}(t)R\hat{x}(t)\big]\leqslant c_2$,对于 $\forall t\in[0,T]$,这意味着观测器系统(4.5)在此阶段的状态仍需满足此条件。显然,定理4.2中需要保证 $c'\leqslant c_2$。

4.3.3　滑模动力学的有限时间有界性分析

在前一节中,我们已经确定了到达阶段的观测器系统是 FTB。因此,在本

节中,我们将提供确保滑模动力学也是 FTB 的条件。

基于滑动面函数(4.10)和模糊观测器系统(4.6),下式成立。

$$\dot{s}(t) = \sum_{i=1}^{r} h_i(\hat{x}(t)) G[L_{i,m} C_m \theta(t) - B_m K_{i,m} \hat{x}(t)] + GB_m u(t) \quad (4.30)$$

根据 VSC 理论,当到达滑模面时,即 $s(t) = 0, \dot{s}(t) = 0$。令 $\dot{s}(t) = 0$,则等效控制变量为

$$u_{eq}(t) = \sum_{i=1}^{r} h_i(\hat{x}(t)) [K_{i,m} \hat{x}(t) - (GB_m)^{-1} GL_{i,m} C_m \theta(t)] \quad (4.31)$$

然后,将式(4.31)代入式(4.6)得到如下的滑模动态:

$$\dot{\hat{x}}(t) = \sum_{i=1}^{r} h_i(\hat{x}(t)) [(A_{i,m} + B_m) K_{i,m} \hat{x}(t) + I_m L_{i,m} C_m \theta(t)] \quad (4.32)$$

其中,$I_m = I - B_m (GB_m)^{-1} G$。

定理 4.3

给定一个满足 $T^{**} \leqslant T - T^*$ 的标量 T^{**},如果存在矩阵 $P_m > 0$,$H_{i,m} > 0, \beta > 0$ 且 $\gamma > 0$,使得下式所列条件对所有的 $m \in \mathcal{S}$ 都成立,则滑模动力学(4.32)和误差动力学关于 $\{c_1, c_2, T^{**}, R, d\}$ 是 FTB。

$$\begin{bmatrix} \Xi_{i,m}^1 & 0 & 0 & P_m \mathcal{I}_m & 0 \\ * & \Xi_{i,m}^2 & P_m & 0 & C_m^{\mathrm{T}} H_{i,m}^{\mathrm{T}} \\ * & * & -\beta I & 0 & 0 \\ * & * & * & -P_m & 0 \\ * & * & * & * & -P_m \end{bmatrix} < 0 \quad (4.33)$$

$$\frac{c' \lambda_1 + \beta d}{\lambda_2} < \mathrm{e}^{-aT^{**}} c_2 \quad (4.34)$$

其中,λ_1, λ_2 和 c' 的定义与定理 4.2 中的相同,且满足

$$\Xi_{i,m}^1 = \mathrm{He}\{P_m(A_{i,m} + B_m K_{i,m})\} - \alpha P_m + \sum_{n=1}^{s} \pi_{mn}(h) P_n$$

$$\Xi_{i,m}^2 = \mathrm{He}\{P_m A_{i,m} - H_{i,m} C_m\} - \alpha P_m + \sum_{n=1}^{x} \pi_{mn}(h) P_n$$

其中，$K_{i,m}$ 的选取使得 $A_{i,m} + B_m K_{i,m}$ 为 Hurwitz 矩阵。此外，观测器增益矩阵由 $L_{i,m} = P_m^{-1} H_{i,m}$ 得到。

证明： 考虑如下李雅普诺夫函数

$$V(\hat{x}(t), \theta(t), t) = \hat{x}^{\mathrm{T}}(t) P(r_i) \hat{x}(t) + \theta^{\mathrm{T}}(t) P(r_t) \theta(t) \tag{4.35}$$

因此得到

$$
\begin{aligned}
\mathcal{L}V(\hat{x}(t), \theta(t), t) = \ & 2\hat{x}^{\mathrm{T}}(t) P_m \sum_{i=1}^{r} h_i(\hat{x}(t)) \big[(A_{i,m} + B_m K_{i,m}) \hat{x}(t) \\
& + \mathcal{I}_m L_{i,m} C_m \theta(t) \big] + \hat{x}^{\mathrm{T}}(t) \sum_{n=1}^{s} \pi_{mn}(h) P_n \hat{x}(t) \\
& + 2\theta^{\mathrm{T}}(t) P_m \sum_{i=1}^{r} h_i(\hat{x}(t)) \big[(A_{i,m} - L_{i,m} C_m) \theta(t) \\
& + w(t) \big] + \theta^{\mathrm{T}}(t) \sum_{n=1}^{s} \pi_{mn}(h) P_n \theta(t)
\end{aligned}
\tag{4.36}
$$

在式(4.36)中，有

$$
\begin{aligned}
2\hat{x}^{\mathrm{T}}(t) P_m \mathcal{I}_m L_{i,m} C_m \theta(t) \leqslant \ & \hat{x}^{\mathrm{T}}(t) P_m \mathcal{I}_m P_m^{-1} \mathcal{I}_m^{\mathrm{T}} P_m \hat{x}(t) \\
& + \theta^{\mathrm{T}}(t) C_m^{\mathrm{T}} L_{i,m}^{\mathrm{T}} P_m L_{i,m} C_m \theta(t)
\end{aligned}
\tag{4.37}
$$

然后，基于式(4.33)，下式成立

$$\mathcal{L}V(t) - \alpha V(t) - \beta w^{\mathrm{T}}(t) w(t) \leqslant \eta^{\mathrm{T}}(t) \Xi_{i,m} \eta(t) < 0 \tag{4.38}$$

其中，$\eta^{\mathrm{T}}(t) = [\hat{x}^{\mathrm{T}}(t) \ \theta^{\mathrm{T}}(t) \ w^{\mathrm{T}}(t)]$

类似于式(4.24)~式(4.28)，有

$$\mathrm{E}[\hat{x}^{\mathrm{T}}(t) R \hat{x}(t)] \leqslant \frac{e^{\alpha T^{**}}[c' \lambda_1 + \beta d]}{\lambda_2} \tag{4.39}$$

因此，由条件(4.34)，对于 $t \in [0, T^{**}]$，可以得到 $\mathrm{E}[\hat{x}^{\mathrm{T}}(t) R \hat{x}(t)] \leqslant c_2$，这就完成了证明。

由定理4.2和定理4.3可知，有限时间有界性分析在两个阶段是独立进行的，不便于同时解决滑模控制器设计问题。此外，时变 TR 的存在性也是一个亟待解决的难题。因此，在下文中，尽管 TR 一般不确定，但给出了整个 $[0, T]$ 阶段的 FTB 的整体分析。

4.3.4　$[0, t]$上的有限时间有界性分析

定理 4.4

给定标量 $T > 0$，控制器(4.11)结合误差动力学(4.6)的模糊观测器系统 (4.5)对于 $\{c_1, c_2, T, R, d\}$ 是 FTB，如果存在矩阵 $P_m > 0, T_{mn} > 0, Z_{mn} > 0, Q_1 > 0$, $Q_2 > 0$ 以及 $H_{i,m}$ 具有适当的维数，标量 $\beta > 0, \gamma > 0$ 和 $\lambda_i (i = 1, 2)$ 使得 式(4.17)、式(4.18)、式(4.20)以及式(4.34)和以下条件对所有 $m \in S$ 都成立。

若 $m \in I_{m,k}, \forall l \in I_{m,uk}, I_{m,k} \triangleq \{k_{m,1}, k_{m,2}, \cdots, k_{m,o1}\}$,

$$\begin{bmatrix} \mathcal{A}_{i,m}^1 & \mathcal{A}_{i,m}^2 & \mathcal{A}_{i,m}^3 \\ * & \mathcal{A}_{i,m}^4 & 0 \\ * & * & \mathcal{A}_{i,m}^5 \end{bmatrix} < 0 \tag{4.40}$$

且

$$\mathcal{A}_{i,m}^1 = \begin{bmatrix} \mathcal{A}_{i,m}^{11} & H_{i,m}C_m & 0 \\ * & \mathcal{A}_{i,m}^{12} & 0 \\ * & * & \mathcal{A}_{i,m}^{13} \end{bmatrix}$$

$$\mathcal{A}_{i,m}^2 = \begin{bmatrix} 0 & -P_m B_m (GB_m)^{-1} & P_m \mathcal{I}_m & 0 \\ P_m & 0 & 0 & 0 \\ P_m & 0 & 0 & C_m^{\mathrm{T}} H_{i,m}^{\mathrm{T}} \end{bmatrix}$$

$$\mathcal{A}_{i,m}^3 = \begin{bmatrix} A_{i,m}^{31} & 0 & 0 \\ * & \mathcal{A}_{i,m}^{32} & 0 \\ * & * & \mathcal{A}_{i,m}^{33} \end{bmatrix}$$

$$\mathcal{A}_{i,m}^{31} = \mathrm{diag}\{\mathcal{A}_{i,m}^{51}, A_{i,m}^{52}, A_{i,m}^{53}\}$$

若 $m \in I_{m,uk}, \forall l \in I_{m,uk}, I_{m,k} \triangleq \{k_{m,1}, k_{m,2}, \cdots, k_{m,o_2}\}, l \neq m$,

$$P_m - P_l \geq 0 \tag{4.41}$$

$$\begin{bmatrix} \mathcal{B}^1_{i,m} & \mathcal{B}^2_{i,m} & \mathcal{B}^3_{i,m} \\ * & \mathcal{B}^4_{i,m} & 0 \\ * & * & \mathcal{B}^5_{i,m} \end{bmatrix} < 0 \qquad (4.42)$$

且

$$\mathcal{B}^1_{i,m} = \begin{bmatrix} \mathcal{B}^{11}_{i,m} & H_{i,m}C_m & 0 \\ * & \mathcal{B}^{12}_{i,m} & 0 \\ * & * & \mathcal{B}^{13}_{i,m} \end{bmatrix}$$

$$\mathcal{B}^3_{i,m} = \begin{bmatrix} \mathcal{B}^{31}_{i,m} & 0 & 0 \\ * & \mathcal{B}^{32}_{i,m} & 0 \\ * & * & \mathcal{B}^{33}_{i,m} \end{bmatrix}$$

$$\mathcal{B}^5_{i,m} = \mathrm{diag}\{\mathcal{B}^{51}_{i,m}, \mathcal{B}^{52}_{i,m}, \mathcal{B}^{53}_{i,m}\}$$

$$\lambda_1 R \leqslant P_m \leqslant \lambda_2 R \qquad (4.43)$$

其中

$$\mathcal{A}^{11}_{i,m} = \mathrm{He}\{P_m(A_{i,m}+B_mK_{i,m})\} - \alpha P_m + Q_1 + \sum_{m \in I_{m,k}}\left[\frac{(\lambda_{mn})^2}{4}T_{mn} + \pi_{mn}(P_n - P_l)\right]$$

$$\mathcal{A}^{12}_{i,m} = \mathrm{He}\{P_mA_{i,m} - H_{i,m}C_m\} - \alpha P_m + Q_2 + \sum_{n \in I_{m,k}}\left[\frac{(\lambda_{mn})^2}{4}T_{mn} + \pi_{mn}(P_n - P_l)\right]$$

$$\mathcal{A}^{13}_{i,m} = \mathrm{He}[P_mA_{i,m} - H_{i,m}C_m] - \alpha P_m + \sum_{n \in I_{m,k}}\left[\frac{(\lambda_{mn})^2}{4}T_{mn} + \pi_{mn}(P_n - P_l)\right]$$

$$\mathcal{A}^{31}_m = \mathcal{A}^{32}_m = \mathcal{A}^{33}_m = [(P_{k_{m,1}} - P_l)\cdots(P_{k_{m,o1}} - P_l)]$$

$$\mathcal{A}^4_{i,m} = \mathrm{diag}\{-\beta I, -\gamma I, -P_m, -P_m\}$$

$$\mathcal{A}^{51}_{i,m} = \mathcal{A}^{52}_{i,m} = \mathcal{A}^{53}_{i,m} = \mathrm{diag}\{-T_{mk_{m,1}}, \cdots, -T_{mk_{m,o1}}\}$$

$$\mathcal{B}^{11}_{i,m} = \mathrm{He}\{P_m(A_{i,m}+B_mK_{i,m})\} - \alpha P_m + Q_1 + \sum_{m \in I_{m,k}}\left[\frac{(\lambda_{mn})^2}{4}Z_{mn} + \pi_{mn}(P_n - P_l)\right]$$

$$\mathcal{B}_{i,m}^{12} = \mathrm{He}\{P_m A_{i,m} - H_{i,m} C_m\} - \alpha P_m + Q_2 + \sum_{n \in I_{m,k}} \left[\frac{(\lambda_{mn})^2}{4} Z_{mn} + \pi_{mn}(P_n - P_l) \right]$$

$$\mathcal{B}_{i,m}^{13} = \mathrm{He}\{P_m A_{i,m} - H_{i,m} C_m\} - \alpha P_m + \sum_{m \in I_{m,k}} \left[\frac{(\lambda_{mn})^2}{4} Z_{mn} + \pi_{mn}(P_n - P_l) \right]$$

$$\mathcal{B}_m^{31} = \mathcal{A}_m^{32} = \mathcal{A}_m^{33} = \left[(P_{k_{m,1}} - P_l) \cdots (P_{k_{m,2}} - P_l) \right]$$

$$\mathcal{B}_{i,m}^2 = \mathcal{A}_{i,m}^2, \mathcal{B}_{i,m}^4 = \mathcal{A}_{i,m}^4$$

$$\mathcal{B}_{i,m}^{51} = \mathcal{B}_{i,m}^{52} = \mathcal{B}_{i,m}^{53} = \mathrm{diag}\left[-Z_{mk_{m,1}}, \cdots, -Z_{mk_{k,o2}} \right]$$

其中，选取 $K_{i,m}$ 使得 $A_{i,m} + B_m K_{i,m}$ 为 Hurwitz 矩阵。此外，状态观测器增益矩阵由 $L_{i,m} = P_m^{-1} H_{i,m}$ 给出。

证明： 定义

$$\overline{\Gamma}_{i,m} = \Gamma_{i,m} + \mathrm{diag}\left[\Lambda_m, \Lambda_m, \Lambda_m, 0, 0, 0, 0 \right] \tag{4.44}$$

其中 $\Lambda_m = \sum_{n=1}^{s} \pi_{mn}(h) P_n$ ，且

$$\Gamma_{i,m} = \begin{bmatrix} \Gamma_{i,m}^1 & H_{i,m} C_m & 0 & 0 & \Gamma_{i,m}^4 & P_m \mathcal{I}_m & 0 \\ * & \Gamma_{i,m}^2 & 0 & P_m & 0 & 0 & 0 \\ * & * & \Gamma_{i,m}^3 & P_m & 0 & 0 & C_m^{\mathrm{T}} H_{i,m}^{\mathrm{T}} \\ * & * & * & -\beta I & 0 & 0 & 0 \\ * & * & * & * & -\gamma I & 0 & 0 \\ * & * & * & * & * & -P_m & 0 \\ * & * & * & * & * & * & -P_m \end{bmatrix}$$

$$\Gamma_{i,m}^1 = \mathrm{He}\{P_m(A_{i,m} + B_m K_{i,m})\} - \alpha P_m + Q$$

$$\Gamma_{i,m}^i = \mathrm{He}\{P_m A_{i,m} - H_{i,m} C_m\} - \alpha P_m + Q$$

$$\Gamma_{i,m}^3 = \mathrm{He}\{P_m A_{i,m} - H_{i,m} C_m\} - \alpha P_m$$

$$\Gamma_{i,m}^4 = -P_m B_m (GB_m)^{-1}$$

可见，$\overline{\Gamma}_{i,m} < 0$ 保证式(4.19)和式(4.33)成立。

接下来,考虑 $\overline{\Gamma}_{i,m}$ 中的 Λ_m 项。我们考虑以下两种情形。

情形 I : $m \in I_{m,k}$。

首先,记 $\lambda_{m,k} \triangleq \sum_{m \in I_{m,k}} \pi_{mm}(h)$。由于 $I_{m,uk} \neq \varnothing$,故有 $\lambda_{m,k} < 0$。注意到 $\sum_{n=1}^{s} \pi_{mn}(h)P_n$ 可以表示为

$$\Lambda_m = \left(\sum_{n \in I_{m,k}} + \sum_{n \in I_{m,uk}} \right) \pi_{mn}(h) P_n$$

$$= \sum_{n \in I_{m,k}} \pi_{mn}(h) P_n - \lambda_{m,k} \sum_{n \in I_{m,n}} \frac{\pi_{mn}(h)}{-\lambda_{m,k}} P_n \qquad (4.45)$$

明显得到 $0 \leqslant \pi_{mn}(h)/-\lambda_{m,k} \leqslant 1 \, (n \in I_{m,uk})$ 和 $\sum_{n \in I_{m,uk}} \dfrac{\pi_{mn}(h)}{-\lambda_{m,k}} = 1$。对于 $\forall l \in I_{m,uk}$,有

$$\overline{\Gamma}_{i,m} = \sum_{n \in I_{m,uk}} \frac{\pi_{mn}(h)}{-\lambda_{m,k}} \left[\Gamma_{i,m} + \mathrm{diag}\left\{ \sum_{n \in I_{m,k}} \pi_{mn}(h)(P_n - P_l), \right. \right.$$

$$\left. \left. \sum_{n \in I_{m,k}} \pi_{mn}(h)(P_n - P_l), \sum_{n \in I_{m,k}} \pi_{mn}(h)(P_n - P_l), 0, 0, 0, 0 \right\} \right] \qquad (4.46)$$

因此,对于 $0 \leqslant \pi_{mn}(h) \leqslant -\lambda_{m,k}$, $\overline{\Gamma}_{i,m} < 0$ 可等价为

$$\Gamma_{i,m} + \mathrm{diag}\left\{ \sum_{n \in I_{m,k}} \pi_{mn}(h)(P_n - P_l), \sum_{n \in I_{m,k}} \pi_{mn}(h)(P_n - P_l), \right.$$

$$\left. \sum_{n \in I_{m,k}} \pi_{mn}(h)(P_n - P_l), 0, 0, 0, 0, \right\} < 0 \qquad (4.47)$$

在式(4.47)中,下式成立

$$\sum_{n \in I_{m,k}} \pi_{mn}(h)(P_n - P_l) = \sum_{n \in I_{m,k}} \pi_{mn}(P_n - P_l) + \sum_{m \in I_{m,k}} \Delta\pi_{mn}(h)(P_n - P_i) \qquad (4.48)$$

然后,利用引理 1.4,对任意的 $T_{mn} > 0$,有

$$\sum_{n \in I_{m,k}} \Delta\pi_{mn}(h)(P_n - P_l) = \sum_{n \in I_{m,k}} \left[\frac{1}{2}\Delta\pi_{mn}(h)((P_n - P_l) + (P_n - P_l)) \right]$$

$$\leqslant \sum_{n=I_{m,k}} \left[\frac{(\lambda_{mn})^2}{4} T_{mn} + (P_n - P_l)(T_{mn})^{-1}(P_n - P_l)^{\mathrm{T}} \right]$$

$$(4.49)$$

结合式(4.45) ~ 式(4.49),再应用 Schur 补偿,可以看到式(4.40)保证了当 $m \in I_{m,k}$ 时, $\overline{\Gamma}_{i,m} < 0$。

情形 II : $m \in I_{m,uk}$。

类似地,记 $\lambda_{m,k} \triangleq \sum_{n \in I_{m,k}} \pi_{mn}(h)$。由于 $I_{m,k} \neq \varnothing$,得到 $\lambda_{m,k} > 0$。则 $\sum_{n=1}^{s} \pi_{mn}(h) P_n$ 可表示为

$$\Lambda_m = \sum_{n \in I_{m,k}} \pi_{mn}(h) P_n + \pi_{mm}(h) P_m + \sum_{n \in I_{m,k}, n \neq m} \pi_{mn}(h) P_n$$

$$= \sum_{n \in I_{m,k}} \pi_{mn}(h) P_n + \pi_{mm}(h) P_m - (\pi_{mm}(h) + \lambda_{m,k}) \sum_{n \in I_{m,k}, n \neq m} \frac{\pi_{mn}(h) P_n}{-\pi_{mm}(h) - \lambda_{m,k}}$$

$$(4.50)$$

明显得到 $0 \leqslant \pi_{mn}(h) / -\pi_{mn}(h) - \lambda_{m,k} \leqslant 1 (n \in I_{m,uk})$, $\sum_{m \in I_{m,k}, n \neq m} \frac{\pi_{mn}(h)}{-\pi_{mn}(h) - \lambda_{m,k}} = 1$。 对于 $\forall l \in I_{m,uk}, l \neq m$,有

$$\overline{\Gamma}_{i,m} = \sum_{n \in I_{m,uk}, n \neq m} \frac{\pi_{mn}(h)}{-\pi_{mm}(h) - \lambda_{m,k}} [\Gamma_{i,m} + \mathrm{diag}\{Y_m, Y_m, Y_m, 0, 0, 0, 0\}]$$

$$(4.51)$$

其中, $Y_m = \pi_{mm}(h)(P_m - P_l) + \sum_{n \in I_{m,k}} \pi_{mn}(h)(P_n - P_l)$。

因此,对于 $0 \leqslant \pi_{mn}(h) \leqslant -\pi_{mm}(h) - \lambda_{m,k}$, $\overline{\Gamma}_{i,m} < 0$ 可等价于

$$\Gamma_{i,m} + \mathrm{diag}\{Y_m, Y_m, Y_m, 0, 0, 0, 0\} < 0 \qquad (4.52)$$

由于 $\pi_{mm}(h) < 0$,若下式条件满足,则式(4.52)成立

$$\begin{cases} P_m - P_l \geqslant 0 \\ \Gamma_{i,m} + \mathrm{diag}\left| \sum_{n \in I_{m,k}} \pi_{mn}(h)(P_n - P_l), \sum_{m \in I_{m,k}} \pi_{mn}(h)(P_n - P_l) \right. \\ \left. \sum_{n \subset I_{m,k}} \pi_{mn}(h)(P_n - P_l), 0, 0, 0, 0 \right] < 0 \end{cases} \qquad (4.53)$$

同时，针对式(4.48)和式(4.49)，对于 $Z_{mn} > 0$，存在

$$\sum_{n \in I_{m,k}} \pi_{mn}(h)(P_n - P_l) \leqslant \sum_{n \in I_{m,k}} \pi_{mn}(P_n - P_l)$$

$$+ \sum_{n \in I_{m,k}} \left[\frac{(\lambda_{mn})^2}{4} Z_{mn} + (P_n - P_l)(Z_{mn})^{-1}(P_n - P_l)^{\mathrm{T}} \right]$$

$$(4.54)$$

结合式(4.50)~式(4.54)，我们知道当 $m \in I_{m,uk}$ 时，式(4.41)和式(4.42)通过 Schur 补偿可以保证 $\overline{\Gamma}_{i,m} < 0$。综上分析可知，尽管存在一般不确定 TR，模糊观测器系统(4.5)仍是 $[0,T]$ 上的 FTB。这就完成了证明。

注4.6

推导了定理4.4中的充分条件，使得整个模糊观测器系统(4.5)在整个相位 $[0,T]$ 上为 FTB，从而保证定理4.2和定理4.3同时成立。因此，整个模糊观测器系统在两个阶段都是 FTB。同时，给出了定理4.4中新提出的一组线性矩阵不等式(LMI)条件，以保证具有一般不确定 TR 的整个闭环系统和误差动态系统的 FTB。本章所提供的处理时变 TR 的方法还没有出现，这是本章的新颖之处之一。我们还可以看到，在条件式(4.17)~式(4.20)中，参数 α 和 L_i 是相互关联的。因此，在求解这些 LMI 时，利用 β 或 γ 上的 For – Cycle 逐步得到可行解。在下面的例子中，我们将选择 γ 进行循环。采用如下算法。

步骤1：设 $\gamma = 0.0001$，步长 $d = 0.0001$。

步骤2：检查式(4.39)~式(4.41)，看是否有可行的解决方案；如果不是，通过步长 d 来增加 γ，然后重复此步骤。

步骤3：如果式(4.39)~式(4.41)有可行解，则可以计算 α。将 α 代入式(4.17)和式(4.18)，检查这两个条件是否成立；如果不一致，请返回步骤2。否则，退出。

4.4 数值例子

下面给出一个数值例子来说明模型(4.1)的有限时间模糊 SMC 策略的有

效性。考虑文献[9]中的单连杆机械臂,其动力学方程为

$$\ddot{\vartheta}(t) = -\frac{M_g L}{J}\sin(\vartheta(t)) - \frac{D(t)}{J}\dot{\vartheta}(t) + \frac{1}{J}u(t)$$

其中, $\vartheta(t)$ 和 $u(t)$ 分别为机械臂和控制输入的模型角位置; M、J、g、L 和 $D(t)$ 分别为有效载荷的模型质量、转动惯量、重力加速度、臂长和黏性摩擦系数。其中, $g = 9.81$, $L = 0.5$ 以及 $D(t) = D_0 = 2$ 为时不变参数。此外,参数 M 和 J 的三种不同模式见表 4.1。

表 4.1　参数 M 和 J 的模式和数值

模式 m	参数 M	参数 J
1	1	1
2	1.5	2
3	2	2.5

调节运行模式的一般不确定 TR 矩阵如下:

$$\begin{bmatrix} -0.5 + \Delta\pi_{11}(h) & ? & ? \\ ? & ? & 1.0 + \Delta\pi_{23}(h) \\ 1.5 + \Delta\pi_{31}(h) & ? & -2.0 + \Delta\pi_{33}(h) \end{bmatrix}$$

记 $x_1(t) = \vartheta(t)$ 和 $x_2(t) = \dot{\vartheta}(t)$。类似于文献[10], $\sin(x_1(t))$ 可表示为

$$\sin(x_1(t)) = h_1(x_1(t))x_1(t) + \beta h_2(x_1(t))x_1(t)$$

其中 $\beta = 0.01/\pi$, $h_1(x_1(t))$, $h_2(x_1(t)) \in [0,1]$ 和 $h_1(x_1(t)) + h_2(x_1(t)) = 1$。因此,隶属度函数 $h_1(x_1(t))$ 和 $h_2(x_1(t))$ 可表示为

$$h_1(x_1(t)) = \begin{cases} \dfrac{\sin(x_1(t)) - \beta x_1(t)}{x_1(t)(1-\beta)}, & x_1(t) \neq 0 \\ 1, & x_1(t) = 0 \end{cases}$$

$$h_2(x_1(t)) = \begin{cases} \dfrac{x_1(t) - \sin(x_1(t))}{x_1(t)(1-\beta)}, & x_1(t) \neq 0 \\ \\ 0, & x_1(t) = 0 \end{cases}$$

由上述隶属函数可知,若 $x_1(t) = 0$ rad,则 $h_1(x_1(t)) = 1$, $h_2(x_1(t)) = 0$;若 $x_1(t) = \pi$ rad 或 $x_1(t) = -\pi$ rad,则 $h_1(x_1(t)) = 0$, $h_2(x_1(t)) = 1$。因此,单连杆机械臂的状态空间表示由如下两规则系统表示。

法则 1:若 $x_1(t)$ 约等于 0 rad。

则

$$\begin{cases} \dot{x}(t) = A_{1,m} x(t) + B_m u(t) \\ y(t) = C_m x(t) \end{cases}$$

法则 2:若 $x_1(t)$ 约等于 π rad 或 $-\pi$ rad。

则

$$\begin{cases} \dot{x}(t) = A_{2,m} x(t) + B_m u(t) \\ y(t) = C_m x(t) \end{cases}$$

其中 $x(t) = [x_1^{\mathrm{T}}(t) \ x_2^{\mathrm{T}}(t)]^{\mathrm{T}}$,且

$$A_{1,1} = \begin{bmatrix} 0 & 1 \\ -gL & -D_0 \end{bmatrix}, B_1 = \begin{bmatrix} 0 \\ 1 \end{bmatrix},$$

$$A_{1,2} = \begin{bmatrix} 0 & 1 \\ -0.75gL & -0.5D_0 \end{bmatrix}, B_2 = \begin{bmatrix} 0 \\ 0.5 \end{bmatrix},$$

$$A_{1,3} = \begin{bmatrix} 0 & 1 \\ -0.8gL & -0.4D_0 \end{bmatrix}, B_3 = \begin{bmatrix} 0 \\ 0.4 \end{bmatrix},$$

$$A_{2,1} = \begin{bmatrix} 0 & 1 \\ -\beta_g L & -D_0 \end{bmatrix}, C_1 = [0.1 \quad 0.1],$$

$$A_{2,2} = \begin{bmatrix} 0 & 1 \\ -0.75\beta gL & -0.5D_0 \end{bmatrix}, C_2 = [0.1 \quad 0.2],$$

$$A_{2,3} = \begin{bmatrix} 0 & -0.4D_0 \end{bmatrix}, C_3 = \begin{bmatrix} 0.1 & 0 \end{bmatrix}$$

可以看到,系统(4.1)很好地描述了这一模型。因此我们可以利用定理4.4中的条件来检验所提出的有限时间 SMC 策略的有效性。令 $G = \begin{bmatrix} 0 & 0.5 \end{bmatrix}$ 使得 GB_m 非奇异,$K_{1,1} = \begin{bmatrix} -5 & -3 \end{bmatrix}$,$K_{1,2} = \begin{bmatrix} -3 & -2 \end{bmatrix}$,$K_{1,3} = \begin{bmatrix} -4 & -2 \end{bmatrix}$,$K_{2,1} = \begin{bmatrix} -3 & -1 \end{bmatrix}$,$K_{2,2} = \begin{bmatrix} -6 & -3 \end{bmatrix}$,$K_{2,3} = \begin{bmatrix} -7 & -6 \end{bmatrix}$,且 $\Delta\pi_{mn}(h) \leq \lambda_{mn} = |0.1\pi_{mn}|$。此外,选取以下参数:$c_1 = 1, c' = 3, c_2 = 5, T^* = 0.5\mathrm{s}, T = 1.5\mathrm{s}, d = 3, \alpha = 4.2, R = I$。通过检验这些 LMI,我们有如下可行解:

$$P_1 = \begin{bmatrix} 2.0057 & -0.0205 \\ -0.0205 & 0.4083 \end{bmatrix}, P_2 = \begin{bmatrix} 2.3467 & -0.1165 \\ -0.1165 & 0.4691 \end{bmatrix},$$

$$P_3 = \begin{bmatrix} 2.2358 & -0.2323 \\ -0.2323 & 0.4703 \end{bmatrix}, T_{1,1} = \begin{bmatrix} 7.2947 & -0.0204 \\ -0.0204 & 7.2370 \end{bmatrix},$$

$$T_{3,1} = \begin{bmatrix} 7.2149 & -0.0622 \\ -0.0622 & 6.4996 \end{bmatrix}, T_{3,3} = \begin{bmatrix} 7.1301 & -0.0508 \\ -0.0508 & 5.9953 \end{bmatrix},$$

$$Z_{2,3} = \begin{bmatrix} 7.3405 & -0.0428 \\ -0.0428 & 6.9818 \end{bmatrix}, H_{1,1} = \begin{bmatrix} 7.0429 \\ 2.0460 \end{bmatrix},$$

$$Q_1 = \begin{bmatrix} 1.8990 & -0.0015 \\ -0.0015 & 1.5671 \end{bmatrix}, H_{1,2} = \begin{bmatrix} 3.1190 \\ 0.5359 \end{bmatrix},$$

$$Q_2 = \begin{bmatrix} 0.8269 & -0.2451 \\ -0.2451 & 0.6076 \end{bmatrix}, H_{1,3} = \begin{bmatrix} 11.8216 \\ 0.9701 \end{bmatrix},$$

$$H_{2,1} = \begin{bmatrix} 8.5544 \\ 0.9373 \end{bmatrix}, H_{2,2} = \begin{bmatrix} 4.1677 \\ 0.8162 \end{bmatrix}, H_{2,3} = \begin{bmatrix} 11.4473 \\ 3.9121 \end{bmatrix},$$

$$\beta = 1.5375, \gamma = 0.3844$$

因此,可以得到观测器增益

$$L_{1,1} = \begin{bmatrix} 3.5645 \\ 5.1899 \end{bmatrix}, L_{1,2} = \begin{bmatrix} 1.4031 \\ 1.4908 \end{bmatrix}, L_{1,3} = \begin{bmatrix} 5.7993 \\ 4.9272 \end{bmatrix},$$

$$L_{2,1} = \begin{bmatrix} 4.2908 \\ 2.5108 \end{bmatrix}, L_{2,2} = \begin{bmatrix} 1.8856 \\ 2.2082 \end{bmatrix}, L_{2,3} = \begin{bmatrix} 6.3080 \\ 11.4338 \end{bmatrix}$$

给定初始条件，$x(0) = [0.1\pi \ -0.5]^{\mathrm{T}}$ 和 $\hat{x}(0) = [0.05\pi \ -0.25]^{\mathrm{T}}$。选取调谐标量为 $\delta = 0.1179$。同时，为了减小切换信号的抖振效应，将 $\mathrm{sgn}(s(t))$ 替换为 $\dfrac{s(t)}{\| s(t) \| + 0.01}$。仿真结果如图 4.1 ~ 图 4.5 所示。图 4.1 描绘了一种可能的跳变模式。图 4.2 和图 4.3 分别给出了观测器系统的状态响应和误差动态。图 4.4 描述了滑模面函数和控制输入。图 4.5 给出了不同 δ 下滑动面函数的比较。

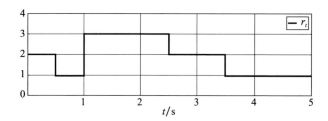

图 4.1　跳变模型

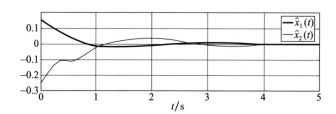

图 4.2　观测器系统的状态响应 $\hat{x}(t)$

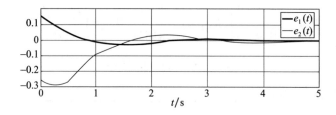

图 4.3　观测误差

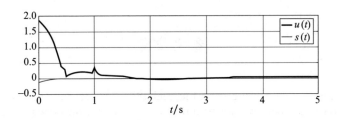

图 4.4　控制输入 $u(t)$ 和滑模面函数 $s(t)$

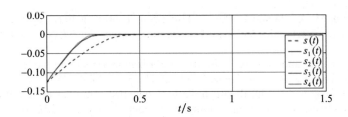

图 4.5　不同 δ 值的滑模面函数 $s(t)$

注 4.7

从图 4.4 中可以看出,滑模面 $s(t)=0$ 可以在 $T^*=0.5\mathrm{s}$ 附近达到。并且,根据注 4.4 中的理论分析,随着 δ 的增大,响应速度加快,图 4.5 分别给出了 $\delta=0.15$ 时的 $s(t)$ 和 $\delta=0.3$ 时 $s_i(t)$ $(i=1,2,\cdots,4)$ 的响应。但值得指出的是,这可能并不总是成立的,因为 δ 只限制了到达时间的上界,并且系统在不同的跳变模式下可能运行不同。

4.5　结论

在本章中,针对具有不可测的前提变量的 S – MJS 系统,采用模糊方法提出了一种基于观测器的有限时间 SMC 策略。在观测器空间上构造了一个积分滑模面,设计了基于观测器的滑模控制器,保证了预设滑模面的有限时间可达性。然后,对滑模面内外进行有限时间有界性分析,建立了保证闭环系统在 $[0,T]$ 期间为 FTB 的充分条件。最后,通过一个算例验证了所提方法的有效性。

参考文献

[1] S. He, Q. Ai, C. Ren, J. Dong and F. Liu, Finite-time resilient controller design of a class of uncertain nonlinear systems with time-delays under asynchronous switching, *IEEE Transactions on Systems, Man, and Cybernetics: Systems*, Vol. 49, No. 2, pp. 281–286, 2019.

[2] P. Dorato, Short-time stability in linear time-varying systems, *Proc. IRE Int. Convent. Rec.*, pp. 83–87, 1961.

[3] F. Amato, M. Ariola and P. Dorato, Finite-time control of linear systems subject to parametric uncertainties and disturbances, *Automatica*, Vol. 37, No. 7, pp. 1459–1463, 2001.

[4] J. Song, Y. Niu and Y. Zou, Finite-time stabilization via sliding mode control, *IEEE Transactions on Automatic Control*, Vol. 62, No. 3, pp. 1478–1483, 2017.

[5] S. He, J. Song and F. Liu, Robust finite-time bounded controller design of time-delay conic nonlinear systems using sliding mode control strategy, *IEEE Transactions on Systems, Man, and Cybernetics: Systems.* Vol. 48, No. 11, pp. 1863–1873, 2018.

[6] L. Gao, X. Jiang and D. Wang, Observer-based robust finite-time H_∞ sliding mode control for Markovian switching systems with mode- dependent time-varying delay and incompletet ransition rate, *ISA Transactions*, Vol. 61, pp. 29–48, 2016.

[7] M. Chadli, and H. R. Karimi, Robust observer design for unknown inputs Takagi-Sugeno models, *IEEE Transactions on Fuzzy Systems*, Vol. 21, No. 1, pp. 158–164, 2013.

[8] J. Yoneyama, Output feedback control for fuzzy systems with immeasurable premise variables, *IEEE International Conference on Fuzzy Systems*. IEEE, pp. 802–807, 2009.

[9] H. N. Wu and K. Y. Cai, Mode-independent robust stabilization for uncertain Markovian jump nonlinear systems via fuzzy control, *IEEE Transactions on Systems, Man, and Cybernetics: Systems*, Vol. 36, No. 3, pp. 509–519, 2005.

[10] K. Tanaka and T. Kosaki, Design of a stable fuzzy controller for an articulated vehicle, *IEEE Transactions on Systems, Man, and Cybernetics: Part B, Cybernetics*, Vol. 2, No. 3, pp. 552–558, June 1997.

第5章 半马尔可夫跳变系统的自适应模糊滑模控制

5.1 引言

在工程和科学的应用领域中,自适应控制因其对系统参数、结构和环境不确定性的适应能力而受到越来越多的关注,成为一种流行的控制方法;自适应控制可以修改自己的特性,以适应对象动态特性的变化和由有效载荷变化或系统老化、部件故障和外部干扰引起的干扰。另外,如前所述,SMC 已被证明是非线性系统最有效的方法之一。由于 SMC 模型具有响应快、瞬态性能好、对系统扰动和不确定性具有较强的鲁棒性等优点,在实际系统中得到了广泛的应用。一般来说,SMC 方案包含两个步骤:滑动相位合成和到达相位合成。在过去的几年里,已有不少文献和工程上提出了 T - S 模糊 SMC 方法的应用。值得一提的是,这些显著的结果是基于 ISMC 方法得到的,该方法由于具有传统 SMC 方法可以消除到达相位的优点而非常受欢迎;因此,鲁棒性可以通过整个系统的响应来实现。鉴于此,许多关于 T - S 模糊模型的 ISMC 的研究已经被报道[1],将模糊方法应用于具有参数不确定性和未知非线性的随机时滞模型。参考文献[2 - 3]针对随机 T - S 模糊时滞系统提出了一种新的动态鲁棒 H_∞ ISMC 方法。在参考文献[4]中,针对随机广义 T - S 模糊系统的镇定问题,提出了模糊 ISMC 方法。并且,利用文献[5]中的模糊 ISMC 方法研究了应用于电路中的奇摄动系统;更多内容见参考文献[6 - 15]。另外,自适应滑模控制器也可以提供一些优点,如在大尺寸设备不确定的情况下仍能实现控制目标。这意味着所提出的自适应控制器可以处理更多的常量未知参数,如时变参数、未建模动力学、噪声和扰动输入等。因此,动力系统的自适应 ISMC 是非常有趣和有吸引力的。

在实际系统中,状态的知识是非常重要的。但是,在大多数情况下,状态变量通常不可用,因为要安装所有的所需的传感器可能不现实,或者成本可能太高。在这种情况下,Luenberger 观测器可用于估计不可测状态,并在设计基于观测器的控制器中发挥重要作用。但在 T-S 模糊系统的观测器设计中,很多论文选取了模糊观测器的前提变量,这些变量与植物的 T-S 模糊模型相同[16-17]。然而,在许多实际问题中,前提变量可能依赖于不可测的状态变量。因此,要实现真正的滑模观测器设计,必须考虑模糊观测器的前提变量与模糊观测器估计的状态变量之间的关系。到目前为止,我们已经看到了一些在这个问题上的开创性工作,如文献[18]中针对未知输入 T-S 模型的鲁棒观测器设计,其中研究了决策变量不可测的情况。基于这一思想,本章进一步研究了在前提变量不可测且依赖于状态观测器的情况下,模糊系统的自适应 ISMC。

基于以上分析,我们可以列出以下需要解决的问题:①对于依赖于系统变量的前提变量不可得的 T-S 模糊系统,如何设计一个观测器;②在不受输入矩阵约束的情况下,如何在估计空间上提出一个适合系统的积分滑动面;③在一般不确定 TR 意义下,如何给出半马尔可夫跳变 T-S 模糊系统随机稳定性分析的非一般保守条件;④如何设计一种自适应滑模控制器,使滑模具有良好的稳定性和满足到达条件。因此,如何在综合考虑上述所有问题的同时,综合考虑具有不可测前提变量的 T-S 模糊 S-MJS 的基于观测器的 ISMC 问题值得我们关注。然而,据我们所知,尚未有文献报道这一主题的结果。

因此,本章将研究一类前提变量不可测的连续时间非线性半马尔可夫跳变 T-S 模糊系统的基于观测器的模糊 ISMC 问题。为了更好地适应 T-S 模糊模型的特性,在估计空间上提出了一种融合变换输入矩阵的新型积分滑动面,建立了具有一般不确定 TR 的闭环系统的随机稳定性的可行易检的 LMI 条件。

5.2　系统描述

考虑如下概率空间$(\Omega,\mathcal{F},\mathcal{P})$上的非线性 T－S 模糊 S－MJS。

法则:若 $x_1(t)$ 为 M_{i1},$x_2(t)$ 为 M_{i2},$\cdots$,$x_n(t)$ 为 M_{in}。

则

$$
\begin{cases}
\dot{x}(t) = A_i(r_i)x(t) + B_i(r_i)(u(t) + f(x(t),t)) \\
y(t) = C(r_t)x(t) \\
x(0) = \varphi(0)
\end{cases}
\tag{5.1}
$$

其中,$x(t) = [x_1(t)\quad x_2(t)\quad \cdots\quad x_n(t)]^T \in \mathbb{R}^n$ 表示状态向量,$x_1(t),\cdots,x_n(t)$ 也被选为前提变量,$M_{ij}(i=1,2,\cdots,r;j=1,2,\cdots,n)$ 为模糊集;$u(t) \in \mathbb{R}^n$ 为控制输入;$y(t) \in \mathbb{R}^p$ 为被控输出;$A_i(r_t),B(r_2),C(r_t)$ 为相容维数的系统矩阵;$f(x(t),t)$ 为对象的局部集中不确定度。

$\{r_i,t \geqslant 0\}$ 是在有限集 $\mathcal{S} = \{1,2,\cdots,s\}$ 中取离散值的连续时间半马尔可夫过程,其生成元为

$$
\Pr[r_{i+h} = n \mid r_i = m] =
\begin{cases}
\pi_{mn}(h)h + o(h), & m \neq n \\
1 + \pi_{mm}(h)h + o(h), & m = n
\end{cases}
\tag{5.2}
$$

其中,$h > 0$ 且 $\lim\limits_{h \to 0} o(h)/h = 0$;$\pi_{mn}(h) > 0$,$m \neq n$ 为 t 时刻模态 m 到 $t+h$ 时刻模态 n 的转换率,对于任意 $n \in \mathcal{S}$ 有 $\pi_{mm}(h) = -\sum\limits_{n \neq m} \pi_{mn}(h) < 0$。

本章从实际的角度出发,研究了更一般的不确定 TR,并认为转移速率 $\pi_{mn}(h)$ 可能满足以下两个条件之一:

(1)$\pi_{mn}(h)$ 是完全未知的。

(2)$\pi_{mn}(h)$ 是部分未知,已知上下界。

对于条件(2),例如,假设 $\pi_{mn}(h) \in \left[\underline{\pi}_{mn}, \overline{\pi}_{mn}\right]$,其中 $\underline{\pi}_{mn}$ 和 $\overline{\pi}_{mn}$ 是已知的实常数,分别表示 $\pi_{mn}(h)$ 的下界和上界。鉴于此,我们进一步记 $\pi_{mn}(h) \triangleq \pi_{mn} + \Delta\pi_{mn}(h)$,其中 $\pi_{mn} = \frac{1}{2}\left(\overline{\pi}_{mn} + \underline{\pi}_{mn}\right)$,$|\Delta\pi_{mn}(h)| \leqslant \lambda_{mn}$,$\lambda_{mn} = \frac{1}{2}\left(\overline{\pi}_{mn} - \underline{\pi}_{mn}\right)$。

因此,三种跳变模式的 TR 矩阵可描述为

$$\begin{bmatrix} \pi_{11} + \Delta\pi_{11}(h) & ? & \pi_{13} + \Delta\pi_{13}(h) \\ ? & ? & \pi_{23} + \Delta\pi_{23}(h) \\ ? & \pi_{32} + \Delta\pi_{32}(h) & ? \end{bmatrix} \tag{5.3}$$

其中,"?"表示对未知 TR 的描述。为简洁起见,$\forall m \in \mathcal{S}$,令 $I_m = I_{m,k} \cup I_{m,uk}$,其中

$$I_{m,k} \triangleq \left\{ \text{对于} n \in \mathcal{S}, \text{可定义} \pi_{mn} \right\}$$

$$I_{m,uk} \triangleq \left\{ \text{对于} n \in \mathcal{S}, \pi_{mn} \text{未知} \right\}$$

在这里,假设 $I_{m,k} \neq \varnothing$ 和 $I_{m,uk} \neq \varnothing$。因此,我们可以表示如下集合:

$$I_{m,k} \triangleq \left\{ k_{m,1}, k_{m,2}, \cdots, k_{m,o} \right\} 1 \leqslant o < s$$

式中:$k_{m,s}(s \in [1,2,\cdots,o])$ 表示 TR 矩阵 $\prod$ 第 m 行第 s 个元素的索引。

注 5.1

值得注意的是,半马尔可夫模型还提出了一些其他值得研究的问题,其中各模态的逗留时间在文献[19]中被设定为下界。当无法同步获取模态信息时,文献[20]介绍了一种提供系统模态估计值的检测器。

通过模糊融合,即采用中心平均解模糊器、乘积模糊推理和单点模糊化,整体模糊模型推导如下:

$$\begin{cases} \dot{x}(t) = \sum_{i=1}^{r} h_i(x(t))\left[A_i(r_i)x(t) + B_i(r_i)(u(t) + f(x(t),t))\right] \\ y(t) = C(r_i)x(t) \end{cases} \tag{5.4}$$

式中:$h_i(x(t))$ 为隶属度函数,如下所示:

$$h_i(x(t)) = \frac{\prod_{j=1}^{n} u_{ij}(x_j(t))}{\sum_{i=1}^{r} \prod_{j=1}^{n} u_{ij}(x_j(t))}$$

其中,$\mu_{ij}(x_j(t))$ 为 $x_j(t)$ 在 μ_{ij} 中的隶属度。对于所有的 $t>0$,满足 $h_i(x(t)) \geqslant 0$,

$\sum_{i=1}^{r} h_i(x(t)) = 1$。为简便起见,下文中记 $r(t) = m$。

假设 5.1

系统(5.1)的未知连续时间向量值非线性项以下式为界

$$\| f(x(t),t) \| \leqslant \alpha + \beta \| y(t) \| \tag{5.5}$$

其中,α、β 均为未知正常数。

注 5.2

对于上述非线性,通常采用常用的 Lipschitz 条件或单侧 Lipschitz 条件进行研究。实际上,最一般的形式应该是 $(f(x(t),t) - F_1 x(t))^{\mathrm{T}}(f(x(t),t) - F_2 x(t)) \leqslant 0$,其中 F_1 和 F_2 是具有适当维数的矩阵。这种描述相当一般化,包括通常的 Lipschitz 条件和范数有界条件作为特例。然而,出于自适应控制的目的,我们采用了范数有界条件。

5.3　主要结果

5.3.1　滑模观测器设计

在本节中,认为前提变量是工厂不可访问的组件。然后,采用如下状态观测器。

法则:若 $\hat{x}_1(t)$ 为 M_{i1},$\hat{x}_2(t)$ 为 M_{i2} 且 $\hat{x}_n(t)$ 为 M_{in},则

$$\begin{cases} \dot{\hat{x}}(t) = A_{i,m}\hat{x}(t) + B_{i,m}(u(t) + v_s(t)) + L_{i,m}(y(t) - \hat{y}(t)) \\ \hat{y}(t) = C_m\hat{x}(t) \\ \hat{x}(0) = \hat{\varphi}(0) \end{cases} \tag{5.6}$$

式中：$\hat{x}(t)$ 和 $\hat{y}(t)$ 分别为状态 $x(t)$ 和输出 $y(t)$ 的估计值；$v_s(t)$ 是为了减弱未知函数 $f(x(t),t)$ 的影响而选取的补偿器；$L_{i,m}$ 是后面要确定的适当维数的观测器增益。

然后，推导出动力学模糊观测器(5.6)为

$$\begin{cases} \dot{\hat{x}}(t) = \sum_{i=1}^{r} h_i(\hat{x}(t))[A_{i,m}\hat{x}(t) + B_{i,m}(u(t) + v_s(t)) + L_{i,m}(y(t) - \hat{y}(t))] \\ \hat{y}(t) = C_m\hat{x}(t) \end{cases}$$

$$\tag{5.7}$$

定义 $e(t) = x(t) - \hat{x}(t)$ 为估计误差。结合式(5.4)和式(5.7)，可以得到误差动态为

$$\begin{cases} \dot{e}(t) = \sum_{i=1}^{r} h_i(\hat{x}(t))[(A_{i,m} - L_{i,m}C_m)e(t) + B_{i,m}(f(x(t),t) - v_s(t))] + w(t) \\ y_e(t) = C_m e(t) \end{cases}$$

$$\tag{5.8}$$

其中，$w(t) = \sum_{i=1}^{r}(h_i(x(t)) - h_i(\hat{x}(t)))\dot{x}(t)$ 被视为扰动。

注 5.3

在误差动态(5.8)中，模糊系统主体部分的前提变量为 $\hat{x}(t)$，与观测器模糊系统(5.7)一致。所以下面的稳定性分析从理论角度来讲保守性会小一些。

下面给出一个可区分的模糊积分滑模面。在此之前，基于文献提出以下一般性假设[21]：

$n \times m$ 的矩阵 $\bar{B}_m$ 由下式定义

$$\bar{B}_m = \frac{1}{r} \sum_{i=1}^{r} B_{i,m}$$

满足 $\operatorname{rank}(\bar{B}_m) = m$ 的秩约束，即 $\bar{B}_m$ 具有满列秩。然后，我们定义

$$V_m = \frac{1}{2}[\bar{B}_m - B_{1,m} \ \bar{B}_m - B_{2,m} \cdots \bar{B}_m - B_{r,m}]$$

$$U(h) = \operatorname{diag}\{1 - 2h_1(\hat{x}(t)), 1 - 2h_2(\hat{x}(t)), \cdots, 1 - 2h_r(\hat{x}(t))\}$$

$$W = [I \ \ I \ \ \cdots \ \ I]^{\mathrm{T}}$$

因此，有

$$\begin{aligned}
\bar{B}_m + V_m U(h) W &= \bar{B}_m + \frac{1}{2}[(\bar{B}_m - B_{1,m})(1 - 2h_1(\hat{x}(t))) + \cdots \\
&\quad + (\bar{B}_m - B_{r,m})(1 - 2h_r(\hat{x}(t)))] \\
&= \bar{B}_m + \frac{1}{2}\bar{B}_m[(1 - 2h_1(\hat{x}(t))) + \cdots + (1 - 2h_r(\hat{x}(t)))] \\
&\quad - \frac{1}{2}[B_{1,m}(1 - 2h_1(\hat{x}(t))) + \cdots + B_{r,m}(1 - 2h_r(\hat{x}(t)))] \\
&= \bar{B}_m + \frac{1}{2}\bar{B}_m\left(r - 2\sum_{i=1}^{r} h_i(\hat{x}(t))\right) - \frac{1}{2}\sum_{i=1}^{r} B_{i,m} \\
&\quad + \sum_{i=1}^{r} h_i(\hat{x}(t))B_{i,m} \\
&= \sum_{i=1}^{r} h_i(\hat{x}(t))B_{i,m}
\end{aligned}$$

于是，观测器模糊系统(5.7)进一步改写为

$$\begin{cases}
\dot{\hat{x}}(t) = \displaystyle\sum_{i=1}^{r} h_i(\hat{x}(t))[A_{i,m}\hat{x}(t) + (\bar{B}_m + \Delta\bar{B}_m)(u(t) + v_x(t)) + L_{i,m}(y(t) - \hat{y}(t))] \\
\hat{y}(t) = C_m\hat{x}(t)
\end{cases}$$

$$(5.9)$$

式中：$\Delta\bar{B}_m = V_m U(h) W$，其中 $U^{\mathrm{T}}(h)U(h) \leqslant I_{r \times n}$。

注5.4

更一般地,$\bar{B}_m$ 可以选择为 $B_{i,m}$ 的凸组合,即 $\bar{B}_m = \sum_{i=1}^{r} \kappa_i B_{i,m}$,其中 $\sum_{i=1}^{r} \kappa_i = 1$,$\kappa_i \geqslant 0$。另外,如果 $B_{i,m} = B_{j,m}(i,j = 1,2,\cdots,r)$,则 $V_m = 0$,即 $\Delta \bar{B}_m = 0$,这是现有文献考虑最多的情况。因此,这里的研究更具有一般性,因为我们不必假设 $B_{i,m}$ 是独立于法则的,且具有满列秩。

5.3.2 滑模面设计

在这一部分,为了更好地适应 T - S 模糊系统的特点,基于状态观测器(5.6),我们提出了如下的模糊积分切换面函数:

$$s(t) = G\hat{x}(t) - \int_0^t \sum_{i=1}^{r} h_i(\hat{x}(s)) G(A_{i,m} + \bar{B}_m K_{i,m})\hat{x}(s)\,\mathrm{d}s$$
$$- \int_0^t G\Delta\bar{B}_m(u(s) + v_x(s))\,\mathrm{d}s \tag{5.10}$$

其中,选择 $G \in \mathbb{R}^{m \times n}$,使得 $G\bar{B}_m$ 非奇异,$K_{i,m} \in \mathbb{R}^{m \times n}$ 用于稳定滑模动力学,因此选择 $A_{i,m} + \bar{B}_m K_{i,m}$ 为 Hurwitz 矩阵,以确保良好的稳定性。

基于系统(5.9)和式(5.10),有

$$\dot{s}(t) = \sum_{i=1}^{r} h_i(\hat{x}(t)) G[L_{i,m} C_m e(t) - \bar{B}_m K_{i,m}\hat{x}(t)] + G\bar{B}_m(u(t) + v_s(t)) \tag{5.11}$$

当系统(5.9)的状态轨迹到达滑模面时,即 $s(t) = 0, \dot{s}(t) = 0$。令 $\dot{s}(t) = 0$,则等效控制变量为

$$u_{iq}(t) = \sum_{i=1}^{r} h_i(\hat{x}(t))[K_{i,m}\hat{x}(t) - (G\bar{B}_m)^{-1}GL_{i,m}C_m e(t)] - v_n(t) \tag{5.12}$$

然后,将式(5.12)代入式(5.9),可以得到如下的滑模动力学模型:

$$\dot{\hat{x}}(t) = \sum_{i=1}^{r} h_i(\hat{x}(t))\left[(A_{i,m} + (\bar{B}_m + \Delta\bar{B}_m)K_{i,m}\hat{x}(t) + \mathcal{I}_m L_{i,m} C_m e(t)\right]$$

$$(5.13)$$

其中 $\mathcal{I}_m = \mathcal{I} - (\bar{B}_m + \Delta\bar{B}_m)(G\bar{B}_m)^{-1}G$

这里,本章的目的是为系统(5.1)设计基于观测器的滑模控制器,使其满足以下两个条件:

(1)$w(t) = 0$ 的误差动态系统(5.8)和滑模动态系统(5.13)是随机稳定的。

(2)在零起点偏压条件下,满足以下 H_∞ 性能指标测量:

满足

$$J = E\int_0^{+\infty}\left[y_e^{\mathrm{T}}(s)y_e(s) - \gamma^2 w^{\mathrm{T}}(s)w(s)\right]\mathrm{d}s < 0 \qquad (5.14)$$

其中, γ 为正常数。

其次,由于非线性项 $f(x(t),t)$ 不可得,因此需要预先设计 $v_s(t)$。因此,我们利用 $\hat{\alpha}(t)$ 和 $\hat{\beta}(t)$ 分别估计未知参数 α 和 β。相应的估计误差定义为 $\tilde{\alpha}(t) = \hat{\alpha}(t) - \alpha$ 和 $\tilde{\beta}(t) = \hat{\beta}(t) - \alpha$。

因此,相关参数的补偿器 $v_s(t)$ 设计为

$$v_s(t) = (|\hat{\alpha}(t)| + |\hat{\beta}(t)|\|y(t)\| + \varepsilon)\mathrm{sgn}(s_e(t)) \qquad (5.15)$$

式中: $s_e(t) = \sum_{i=1}^{r} h_i(\hat{x}(t))B_{i,m}^{\mathrm{T}}P_m e(t)$, $B_{i,m}^{\mathrm{T}}P_m = N_{i,m}C_m$ 与 P_m , $N_{i,m}^{i=1}$ 待后续确定; $\varepsilon > 0$ 是一个小常数;自适应增益设计为

$$\dot{\hat{\alpha}}(t) = l_1\|s_e(t)\| , \dot{\hat{\beta}}(t) = l_2\|y(t)\|\|s_e(t)\|$$

其中, l_1 和 l_2 为设计者选择的正标量。

注 5.5

在这里,要求 $B_{i,m}^{\mathrm{T}}P_m = N_{i,m}C_m$ 是合理的。由此可知

$$s_e(t) = \sum_{i=1}^{r} h_i(\hat{x}(t))N_{i,m}C_m e(t)$$

$$= \sum_{i=1}^{r} h_i(\hat{x}(t))N_{i,m}(y(t) - \hat{y}(t))$$

因此,补偿器 $v_s(t)$ 可以在设计过程中根据估计状态和输出测量变量实现。

注 5.6

与传统 Lesbeuge 观测器相比,所提出的滑模观测器(5.6)保持了 SMC 的一些有吸引力的优点,如对扰动的鲁棒性和对系统参数变化的低敏感性,这在系统(5.13)中得到了验证。另外,除了渐近性质外,有限时间收敛性质也是滑模观测器方案的重要特征。

5.3.3　随机稳定性及 H_∞ 性能分析

本节将给出保证系统(5.13)和式(5.8)在 H_∞ 扰动抑制水平 γ 下随机稳定的条件。

定理 5.1

给定标量 $\gamma > 0$,如果存在正定矩阵 $P_m > 0$,$Y_{i,m}$ 具有适当维数,标量 $\epsilon_m > 0$ 和 $a_m > 0$,使得下列条件对所有的 $m \in \mathcal{S}$ 都成立,则误差动态系统(5.8)和滑模动态系统(5.13)在 H_∞ 性能水平 γ 下是随机稳定的。

$$a_m I - P_m \leqslant 0 \tag{5.16}$$

$$\begin{bmatrix} \Theta_{i,m}^1 & 0 & 0 & P_m & P_m V_m & 0 \\ * & \Theta_{i,m}^2 & P_m & 0 & 0 & C_m^T Y_{i,m}^T \\ * & * & -\gamma^2 I & 0 & 0 & 0 \\ * & * & * & -a_m \lambda_I^{-1} I & 0 & 0 \\ * & * & * & * & -\epsilon_m I & 0 \\ * & * & * & * & * & -P_m \end{bmatrix} < 0 \tag{5.17}$$

其中

$$\Theta_{i,m}^1 = \mathrm{He}[P_m(A_{i,m} + \bar{B}_m K_{i,m})] + \epsilon_m K_{i,m}^T W^T W K_{i,m} + \sum_{n=1}^s \pi_{mn}(h) P_m$$

$$\Theta_{i,m}^2 = \mathrm{He}[P_m A_{i,m} - Y_{i,m} C_m] + C_m^T C_m + \sum_{n=1}^s \pi_{mn}(h) P_m$$

$$\lambda_I = \lambda_{\max}\left\{ \mathcal{I}_m \mathcal{I}_m^{\mathrm{T}} \right\}$$

选取 $K_{i,m}$ 使得 $A_{i,m} + \bar{B}_m K_{i,m}$ 为 Hurwitz 矩阵。另外，状态观测器增益由 $L_{1,m} = P_m^{-1} Y_{i,m}$ 得到。

证明：考虑如下形式的李雅普诺夫函数

$$V(\hat{x}(t), e(t), r_i) = \hat{x}^{\mathrm{T}}(t) P(r_i) \hat{x}(t) + e^{\mathrm{T}}(t) P(r_t) e(t) + l_1^{-1} \tilde{\alpha}^2(t) + l_2^{-1} \tilde{\beta}^2(t)$$

(5.18)

然后，有

$$
\begin{aligned}
\mathcal{L}V(\hat{x}(t), e(t), r_i) =\ & 2\hat{x}^{\mathrm{T}}(t) P_m \sum_{i=1}^{r} h_i(\hat{x}(t)) \big[(A_{i,m} + (\bar{B}_m + \Delta \bar{B}_m) K_{i,m}) \hat{x}(t) \\
& + \mathcal{I}_m L_{i,m} C_m e(t) \big] + \ddot{x}^{\mathrm{T}}(t) \sum_{n=1}^{x} \pi_{mn}(h) P_n \ddot{x}(t) \\
& + 2 e^{\mathrm{T}}(t) P_m \sum_{i=1}^{r} h_i(\hat{x}(t)) \big[(A_{i,m} - L_{i,m} C_m) e(t) \\
& + B_{i,m}(f(x(t),t) - v_s(t)) \big] + e^{\mathrm{T}}(t) \sum_{n=1}^{x} \pi_{mn}(h) P_n e(t) \\
& + 2 l_1^{-1} \tilde{\alpha}(t) \dot{\tilde{\alpha}}(t) + 2 l_2^{-1} \hat{\beta}(t) \dot{\hat{\beta}}(t)
\end{aligned}
$$

(5.19)

另外，可得到

$$
\begin{aligned}
2\hat{x}^{\mathrm{T}}(t) P_m \Delta \bar{B}_m K_{i,m} \hat{x}(t) \leqslant\ & \epsilon_m^{-1} \hat{x}^{\mathrm{T}}(t) P_m V_m V_m^{\mathrm{T}} P_m \hat{x}(t) \\
& + \epsilon_m \hat{x}^{\mathrm{T}}(t) K_{i,m}^{\mathrm{T}} W^{\mathrm{T}} W K_{i,m} \hat{x}(t)
\end{aligned}
$$

(5.20)

$$
\begin{aligned}
2\hat{x}^{\mathrm{T}}(t) P_m \mathcal{I}_{A_m} L_{i,m} C_m e(t) \leqslant\ & \hat{x}^{\mathrm{T}}(t) P_m \mathcal{I}_m P_m^{-1} \mathcal{I}_m^{\mathrm{T}} P_m \hat{x}(t) \\
& + e^{\mathrm{T}}(t) C_m^{\mathrm{T}} L_{i,m}^{\mathrm{T}} P_m L_{i,m} C_m e(t) \\
\leqslant\ & a_m^{-1} \lambda_I \hat{x}^{\mathrm{T}}(t) P_m P_m \hat{x}(t) \\
& + e^{\mathrm{T}}(t) C_m^{\mathrm{T}} L_{i,m}^{\mathrm{T}} P_m L_{i,m} C_m e(t)
\end{aligned}
$$

(5.21)

103

由式(5.15)中的 $v_s(t)$,可得到

$$2e^{\mathrm{T}}(t) \sum_{i=1}^{r} h_i(\hat{x}(t)) P_m B_{i,m}(f(x(t),t) - |\hat{\alpha}(t)| + |\hat{\beta}(t)| \| y(t) \| + \varepsilon) \mathrm{sgn}(s_e(t)))$$

$$+ 2l_1^{-1} \bar{\alpha}(t) \dot{\bar{\alpha}}(t) + 2l_2^{-1} \bar{\beta}(t) \dot{\bar{\beta}}(t) \leqslant -2\varepsilon s_e(t) < 0$$

$$(5.22)$$

更多的,有

$$\mathcal{L}V(\hat{x}(t),e(t),r_t) \leqslant \sum_{i=1}^{r} h_i(\hat{x}(t)) \eta^{\mathrm{T}}(t) \hat{\Gamma}_{i,m} \eta(t) \qquad (5.23)$$

其中, $\eta(t) = [x^{\mathrm{T}}(t) \ e^{\mathrm{T}}(t)]^{\mathrm{T}}$,且

$$\hat{\Gamma}_{i,m} = \Gamma_{i,m} + \mathrm{diag}\left[\sum_{n=1}^{s} \pi_{mn}(h) P_n, \sum_{n=1}^{2} \pi_{nm}(h) P_n \right]$$

$$\Gamma_{i,m} = \begin{bmatrix} \Gamma_{i,m}^1 & 0 \\ 0 & \Gamma_{i,m}^2 \end{bmatrix}$$

其中

$$\Gamma_{i,m}^1 = \mathrm{Sym}[P_m(A_{i,m} + \bar{B}_m K_{i,m})] + \epsilon_m^{-1} P_m V_m V_m^{\mathrm{T}} P_m$$

$$+ \epsilon_m K_{i,m}^{\mathrm{T}} W^{\mathrm{T}} W K_{i,m} + a_m^{-1} \lambda_T P_m P_m$$

$$\Gamma_{i,m}^2 = \mathrm{Sym}[P_m(A_{i,m} - L_{i,m} C_m)] + C_m^{\mathrm{T}} L_{i,m}^{\mathrm{T}} P_m L_{i,m} C_m$$

令 $P_m L_{i,m} = Y_{i,m}$,利用 Schur 补偿,由式(5.17)知 $\hat{\Gamma}_{i,m} < 0$。因此,定义一个标量 $\mu \triangleq \lambda_{\min}[-\hat{\Gamma}_{i,m}] > 0$ 使得

$$\mathcal{L}V(\hat{x}(t),e(t),r_t) \leqslant -\mu \| \hat{x}(t) \|^2 \qquad (5.24)$$

因此,通过 Dynkin 公式,可以得到对于任意 $t > 0$,有

$$EV(\hat{x}(t),e(t),r_i) - EV(\hat{x}(0),e(0),r_0) \leqslant -\mu E \int_0^t \| \hat{x}(s) \|^2 \mathrm{d}s$$

$$(5.25)$$

这就产生了

$$E \int_0^t \| \hat{x}(s) \|^2 \mathrm{d}s \leqslant \mu^{-1} EV(\hat{x}(0),e(0),r_0) \qquad (5.26)$$

然后,根据定义 1.3 容易得到滑模动力学模型(5.13)在 $w(t)=0$ 的情况下是随机稳定的。误差动态系统(5.8)的证明也是如此。

接下来,我们考虑整体闭环系统的 H_∞ 性能指标。在零起点偏压条件下,$EV(t) = E\int_0^{+\infty} \mathcal{L}V(s)\mathrm{d}s \geqslant 0$,有

$$
\begin{aligned}
J &= E\int_0^{+\infty} [y_e^\mathrm{T}(s)y(s) - \gamma^2 w^\mathrm{T}(s)w(s)]\mathrm{d}s \\
&\leqslant E\int_0^{+\infty} [y_e^\mathrm{T}(s)y(s) - \gamma^2 w^\mathrm{T}(s)w(s) + \mathcal{L}V(s)]\mathrm{d}s \\
&= E\int_0^{+\infty} \sum_{i=1}^r h_i(\hat{x}(s))\zeta^\mathrm{T}(s)\overline{\Gamma}_{i,m}\zeta(s)\mathrm{d}s
\end{aligned}
\tag{5.27}
$$

其中,$\zeta(t) = [\hat{x}^\mathrm{T}(t)\ e^\mathrm{T}(t)\ w^\mathrm{T}(t)]^\mathrm{T}$,且

$$
\overline{\Gamma}_{i,m} = \hat{\Gamma}_{i,m} + \mathrm{diag}\left\{\sum_{n=1}^s \pi_{mn}(h)P_n, \sum_{n=1}^s \pi_{mn}(h)P_n, 0\right\}
$$

另外,

$$
\hat{\Gamma}_{i,m} = \begin{bmatrix} \Gamma_{i,m} + \begin{bmatrix} 0 & 0 \\ 0 & C_m^\mathrm{T}C_m \end{bmatrix} & \begin{bmatrix} 0 \\ P_m \end{bmatrix} \\ * & -\gamma^2 I \end{bmatrix}
$$

利用 Schur 补偿和式(5.17),易知 $\overline{\Gamma}_{i,m} < 0$ 表示 $J < 0$。因此,带有误差动态系统(5.8)的滑模动态系统(5.13)在 H_∞ 扰动抑制水平 γ 下是随机稳定的。这就完成了证明。

在上面的定理中,已经给出了滑模动态具有 H_∞ 性能水平 γ 随机稳定性的条件。如前所述,滑模观测器和误差动态的稳定性分析与隶属度函数中估计的 $\hat{x}(t)$ 一致,避免了系统状态 $x(t)$ 的误差。因此,结果的保守性会降低。

注 5.7

对于 MJS,证明结束于定理 5.1,因为马尔可夫链的跳变时间一般是指数分

布的,并且由于常数 TR,MJS 的结果具有内在的保守性。然而,S - MJS 由于其对概率分布的宽松条件,比传统的 S - MJS 具有更广泛的应用。这也导致定理 5.1 中的 LMI 条件不是线性的,无法求解。因此,下文提供了一种新颖的方法来处理这个问题。

定理 5.2

给定标量 $\gamma > 0$,如果存在正定矩阵 $P_m > 0$,$T_{mn} > 0$,$Z_{mn} > 0$,$Y_{i,m}$ 具有适当维数,标量 $\epsilon_m > 0$ 和 $a_m > 0$,使得式(5.16)成立且对于任意 $m \in \mathcal{S}$ 下面条件成立,则误差动态系统(5.8)和滑模动态系统(5.13)随机稳定且存在 H_∞ 性能水平 γ。

若 $m \in I_{m,k}$,$\forall l \in I_{m,nk}$,有 $I_{m,k} \triangleq \{ k_{m,1}, k_{w,2}, \cdots, k_{m,o1} \}$,

$$
\begin{bmatrix}
\mathcal{A}_{i,m}^{11} & 0 & 0 & \mathcal{A}_{i,m}^{12} & \mathcal{A}_{i,m}^{13} & 0 \\
* & \mathcal{A}_{i,m}^{14} & P_m & \mathcal{A}_{i,m}^{15} & 0 & \mathcal{A}_{i,m}^{16} \\
* & * & -\gamma^2 I & 0 & 0 & 0 \\
* & * & * & \mathcal{A}_m^{17} & 0 & 0 \\
* & * & * & * & \mathcal{A}_m^{18} & 0 \\
* & * & * & * & * & \mathcal{A}_m^{19}
\end{bmatrix} < 0
\tag{5.28}
$$

若 $m \in I_{m,nk}$,$\forall l \in I_{m,uk}$,$I_{m,k} \triangleq \{ k_{m,1}, k_{m,2}, \cdots, k_{m,o_2} \}$,$l \neq m$,

$$
P_m - P_l \geqslant 0
\tag{5.29}
$$

$$
\begin{bmatrix}
\mathcal{A}_{i,m}^{21} & 0 & 0 & \mathcal{A}_{i,m}^{22} & \mathcal{A}_{i,m}^{23} & 0 \\
* & \mathcal{A}_{i,m}^{24} & P_m & \mathcal{A}_{i,m}^{23} & 0 & \mathcal{A}_{i,m}^{26} \\
* & * & -\gamma^2 I & 0 & 0 & 0 \\
* & * & * & \mathcal{A}_m^{27} & 0 & 0 \\
* & * & * & * & \mathcal{A}_m^{28} & 0 \\
* & * & * & * & * & \mathcal{A}_m^{29}
\end{bmatrix} < 0
\tag{5.30}
$$

其中

$$\mathcal{A}_{i,m}^{11} = \mathrm{He}\big[\, P_m(A_{i,m} + \bar{B}_m K_{i,m})\,\big] + \epsilon_m K_{i,m}^{\mathrm{T}} W^{\mathrm{T}} W K_{i,m}$$

$$+ \sum_{n \in I_{m,k}} \Big[\, \frac{(\lambda_{mn})^2}{4} T_{nn} + \pi_{mn}(P_n - P_l)\,\Big]$$

$$\mathcal{A}_{i,m}^{12} = \big[\, P_m \quad P_m V_m \quad 0 \,\big]$$

$$\mathcal{A}_m^{13} = \big[\,(P_{k_{m,1}} - P_l) \cdots (P_{k_{m,o1}} - P_l)\,\big]$$

$$\mathcal{A}_{i,m}^{14} = \mathrm{He}\big[\, P_m A_{i,m} - Y_{i,m} C_m \,\big] + C_m^{\mathrm{T}} C_m$$

$$+ \sum_{n \in I_{m,k}} \Big[\, \frac{(\lambda_{mn})^2}{4} T_{mn} + \pi_{mn}(P_n - P_l)\,\Big]$$

$$\mathcal{A}_{i,m}^{15} = \big[\, 0 \quad 0 \quad C_m^{\mathrm{T}} Y_{i,m}^{\mathrm{T}} \,\big]$$

$$\mathcal{A}_m^{16} = \mathcal{A}_m^{13}$$

$$\mathcal{A}_{i,m}^{17} = \mathrm{diag}\big[\, -a\lambda_l^{-1} I, \ -\epsilon_m I, \ -P_m \,\big]$$

$$\mathcal{A}_m^{18} = \mathcal{A}_m^{19} = \big[\, -T_{mk_{m,1}} \quad \cdots \quad -T_{mk_{m,o1}} \,\big]$$

$$\mathcal{A}_{i,m}^{21} = \mathrm{He}\big[\, P_m(A_{i,m} + \bar{B}_m K_{i,m})\,\big] + \epsilon_m K_{i,m}^{\mathrm{T}} W^{\mathrm{T}} W K_{i,m}$$

$$+ \sum_{n \in I_{m,k}} \Big[\, \frac{(\lambda_{mn})^2}{4} Z_{mn} + \pi_{mn}(P_n - P_l)\,\Big]$$

$$\mathcal{A}_m^{23} = \big[\,(P_{k_{m,1}} - P_l) \cdots (P_{k_{m,2}} - P_l)\,\big]$$

$$\mathcal{A}_{i,m}^{24} = \mathrm{He}\big[\, P_m A_{i,m} - Y_{i,m} C_m \,\big] + C_m^{T} C_m$$

$$+ \sum_{n \in I_{m,k}} \Big[\, \frac{(\lambda_{mn})^2}{4} Z_{mn} + \pi_{mn}(P_n - P_l)\,\Big]$$

$$\mathcal{A}_m^{28} = \mathcal{A}_m^{29} = \big[\, -Z_{mk_{m,1}} \quad \cdots \quad -Z_{mk_{m,o2}} \,\big]$$

$$\mathcal{A}_{i,m}^{22} = \mathcal{A}_{i,m}^{12}, \ \mathcal{A}_{i,m}^{25} = \mathcal{A}_{i,m}^{15}, \ \mathcal{A}_m^{26} = \mathcal{A}_m^{23}, \ \mathcal{A}_{i,m}^{27} = \mathcal{A}_{i,m}^{17}$$

更多的，状态观测器增益由 $L_{i,m} = P_m^{-1} Y_{i,m}$ 得到。

证明：考虑如下两种情形。

情形 I：$m \in I_{m,k}$。

首先,定义 $\lambda_{m,k} \triangleq \sum\limits_{n \in I_{m,k}} \pi_{mn}(h)$ 。由于 $I_{m,uk} \neq \varnothing, \lambda_{m,k} < 0$ 成立。注意到 $\sum\limits_{n=1}^{2} \pi_{mn}(h)P_n$ 可表示为

$$\sum_{n=1}^{s} \pi_{mn}(h)P_n = \left(\sum_{n \in I_{m,k}} + \sum_{n} \in I_{m,uk} \right) \pi_{mn}(h)P_n \tag{5.31}$$

$$= \sum_{n \in I_{m,k}} \pi_{mn}(h)P_n - \lambda_{m,k} \sum_{n \in I_{n,k}} \frac{\pi_{mn}(h)}{-\lambda_{m,k}}P_n$$

显然,$0 \leq \pi_{mn}(h)/-\lambda_{m,k} \leq 1 (n \in I_{m,uk})$ 且 $\sum\limits_{n \in I_{m,k}} \dfrac{\pi_{mn}(h)}{-\lambda_{m,k}} = 1$ 。因此对于 $\forall l \in I_{m,uk}$,有

$$\overline{\Gamma}_{i,m} = \sum_{n \in I_{m,uk}} \frac{\pi_{mn}(h)}{-\lambda_{m,k}} \left[\hat{\Gamma}_{i,m} + \text{diag}\left\{ \sum_{n \in I_{m,k}} \pi_{mn}(h)(P_n - P_l), \sum_{n \in I_{m,k}} \pi_{mn}(h)(P_n - P_l), 0 \right\} \right] \tag{5.32}$$

因此,$0 \leq \pi_{mn}(h) \leq -\lambda_{m,k}$,$\overline{\Gamma}_{i,m} < 0$ 可等价于

$$\hat{\Gamma}_{i,m} + \text{diag}\left\{ \sum_{m \in I_{m,k}} \pi_{mn}(h)(P_n - P_l), \sum_{n \in I_{m,k}} \pi_{mn}(h)(P_n - P_l), 0 \right\} < 0 \tag{5.33}$$

在式(5.33)中,可以得到

$$\sum_{n \in I_{m,k}} \pi_{mn}(h)(P_n - P_l) = \sum_{n \in I_{m,k}} \pi_{mn}(P_n - P_l) + \sum_{n \in I_{m,k}} \Delta\pi_{mn}(h)(P_n - P_l) \tag{5.34}$$

然后,根据引理 1.4,对任意 $T_{mn} > 0$,有

$$\sum_{n \in I_{m,k}} \Delta\pi_{mn}(h)(P_n - P_l) = \sum_{n \in I_{m,k}} \left[\frac{1}{2} \Delta\pi_{mn}(h)((P_n - P_l) + (P_n - P_l)) \right]$$

$$\leq \sum_{n \in I_{m,k}} \left[\frac{(\lambda_{mn})^2}{4} T_{mn} + (P_n - P_l)(T_{mn})^{-1}(P_s - P_l)^{\mathrm{T}} \right] \tag{5.35}$$

结合式(5.31)~式(5.33),然后应用 Schur 补偿,可以看到式(5.28)保证了当 $m \in I_{m,k}$ 时, $\overline{\Gamma}_{i,m} < 0$。

情形 Ⅱ : $m \in I_{m,uk}$。

类似地,记 $\lambda_{m,k} \triangleq \sum\limits_{n \in I_{m,k}} \pi_{mn}(h)$。由于 $I_{m,k} \neq \varnothing$,得到 $\lambda_{m,k} > 0$。因此 $\sum\limits_{s=1}^{s} \pi_{mn}(h)P_n$ 可表示为

$$
\begin{aligned}
\sum\limits_{n=1}^{s} \pi_{mn}(h)P_n &= \sum\limits_{n \in I_{m,k}} \pi_{mn}(h)P_n + \pi_{mm}(h)P_m + \sum\limits_{n \in I_{m,uk}, n \neq m} \pi_{mn}(h)P_n \\
&= \sum\limits_{n \in I_{m,k}} \pi_{mn}(h)P_n + \pi_{mn}(h)P_m \\
&\quad - (\pi_{mm}(h) + \lambda_{m,k}) \sum\limits_{n \in I_{m,uk}, n \neq m} \frac{\pi_{mn}(h)P_n}{-\pi_{mm}(h) - \lambda_{m,k}}
\end{aligned}
$$
(5.36)

显然, $0 \leqslant \pi_{mn}(h)/-\pi_{mm}(h) - \lambda_{m,k} \leqslant 1 (n \in I_{m,uk})$ 以及 $\sum\limits_{n \in I_{m,uk}, n \neq m} \dfrac{\pi_{mn}(h)}{-\pi_{mm}(h) - \lambda_{m,k}} = 1$。因此对于 $\forall l \in I_{m,uk}, l \neq m$,

$$
\check{\Gamma}_{i,m} = \sum\limits_{m \in I_{m,uk}, n \neq m} \frac{\pi_{mn}(h)}{-\pi_{mm}(h) - \lambda_{m,k}} [\hat{\Gamma}_{i,m} + \mathrm{diag}\{\Lambda_m, \Lambda_m, 0\}]
$$
(5.37)

其中, $\Lambda_m = \pi_{mm}(h)(P_m - P_l) + \sum\limits_{n \in I_{m,k}} \pi_{mn}(h)(P_n - P_l)$。

因此,对于 $0 \leqslant \pi_{mn}(h) \leqslant -\pi_{mm}(h) = \lambda_{m,k}, \hat{\Gamma}_{i,m} < 0$ 可等价为

$$
\check{\Gamma}_{i,m} + \mathrm{diag}\{\Lambda_m, \Lambda_m, 0\} < 0
$$
(5.38)

由于 $\pi_{mn}(h) < 0$,若下式成立,式(5.38)成立:

$$
\begin{cases}
P_m - P_l \geqslant 0 \\
\check{\Gamma}_{i,m} + \mathrm{diag}\left\{ \sum\limits_{n \in I_{m,k}} \pi_{mn}(h)(P_n - P_l), \sum\limits_{n \in I_{m,k}} \pi_{mn}(h)(P_n - P_l), 0 \right\} < 0
\end{cases}
$$
(5.39)

在式(5.34)和式(5.35)中,对于$Z_{mn}>0$,有

$$\sum_{n \in I_{m,k}} \pi_{mn}(h)(P_n - P_l) \leqslant \sum_{n \in I_{m,k}} \pi_{mn}(P_n - P_l)$$

$$+ \sum_{n \in I_{m,k}} \left[\frac{(\lambda_{mn})^2}{4} Z_{mn} + (P_n - P_l)(Z_{mn})^{-1}(P_n - P_l)^{\mathrm{T}} \right]$$

$$(5.40)$$

结合式(5.36)~式(5.40),我们知道当$m \in I_{m,uk}$时,式(5.29)和式(5.30)通过 Schur 补偿可以保证$\overline{\Gamma}_{i,m}<0$。综上所述,尽管存在上述分析中一般不确定的 TR,系统仍然实现了H_∞性能水平γ的随机稳定。这就完成了证明。

正如许多其他工作所讨论的,如果$B_{i,m}=B_{j,m}(i,j=1,2,\cdots,r)$,即$\Delta \overline{B}_m=0$,那么这种情况在实际系统中也可能存在。因此,我们可以得到如下定理。

定理 5.3

给定标量$\gamma>0$,若存在正定矩阵$P_m>0,T_{mn}>0,Z_{mn}>0,Y_{i,m}$具有适当维数,标量$\epsilon_m>0,a_m>0$,使得式(5.16)对所有$m \in \mathcal{S}$成立,则误差动态系统(5.8)和滑模动态系统(5.13)在H_∞性能水平γ下随机稳定。

若$m \in I_{m,k}, \forall l \in I_{m,uk}, I_{m,k} \triangleq \{k_{m,1}, k_{m,2}, \cdots, k_{m,o_1}\}$,

$$\begin{bmatrix} \overline{\mathcal{A}}_{i,m}^{11} & 0 & 0 & \overline{\mathcal{A}}_{i,m}^{12} & \overline{\mathcal{A}}_{i,m}^{13} & 0 \\ * & \overline{\mathcal{A}}_{i,m}^{14} & P_m & \overline{\mathcal{A}}_{i,m}^{15} & 0 & A_{i,m}^{16} \\ * & * & -\gamma^2 I & 0 & 0 & 0 \\ * & * & * & \overline{\mathcal{A}}_m^{17} & 0 & 0 \\ * & * & * & * & \overline{\mathcal{A}}_m^{18} & 0 \\ * & * & * & * & * & \overline{\mathcal{A}}_m^{19} \end{bmatrix} < 0 \qquad (5.41)$$

若$m \in I_{m,uk}, \forall l \in I_{m,uk}, I_{m,k} \triangleq \{k_{m,1}, k_{m,2}, \cdots, k_{m,o_2}\}, l \neq m$,

$$P_m - P_l \geqslant 0 P_m - P_l \geqslant 0 \qquad (5.42)$$

$$
\begin{bmatrix}
\overline{\mathcal{A}}_{i,m}^{21} & 0 & 0 & \overline{\mathcal{A}}_{i,m}^{22} & \mathcal{A}_{i,m}^{23} & 0 \\
* & \overline{\mathcal{A}}_{i,m}^{24} & P_m & \overline{\mathcal{A}}_{i,m}^{25} & 0 & \mathcal{A}_{i,m}^{26} \\
* & * & -\gamma^2 I & 0 & 0 & 0 \\
* & * & * & \overline{\mathcal{A}}_m^{27} & 0 & 0 \\
* & * & * & * & \mathcal{A}_m^{28} & 0 \\
* & * & * & * & * & \mathcal{A}_m^{29}
\end{bmatrix} < 0 \qquad (5.43)
$$

其中

$$
\overline{\mathcal{A}}_{i,m}^{11} = \mathrm{He}[P_m(A_{i,m} + B_m K_{i,n})] + \sum_{n \in I_{m,k}}\left[\frac{(\lambda_{mn})^2}{4}T_{mn} + \pi_{mn}(P_n - P_l)\right]
$$

$$
\overline{\mathcal{A}}_{i,m}^{12} = \overline{\mathcal{A}}_{i,m}^{22} = [P_m \mathcal{T}_m \quad 0]
$$

$$
\overline{\mathcal{A}}_{i,m}^{14} = \mathrm{He}\{P_m A_{i,m} - Y_{i,m}C_m)\} + C_m^{\mathrm{T}}C_m + \sum_{n \in I_{m,k}}\left[\frac{(\lambda_{mn})^2}{4}T_{mn} + \pi_{mn}(P_n - P_l)\right]
$$

$$
\overline{\mathcal{A}}_{i,m}^{15} = \overline{\mathcal{A}}_{i,m}^{25} = [0 \quad C_m^{\mathrm{T}}Y_{i,m}^{\mathrm{T}}]
$$

$$
\overline{\mathcal{A}}_{i,m}^{17} = \overline{\mathcal{A}}_{i,m}^{27} = \mathrm{diag}\{-P_m, -P_m\}
$$

$$
\overline{\mathcal{A}}_{i,m}^{21} = \mathrm{He}\{P_m(A_{i,m} + B_m K_{i,m})\} + \sum_{n \in I_{m,k}}\left[\frac{(\lambda_{mn})^2}{4}Z_{mn} + \pi_{mn}(P_n - P_l)\right]
$$

$$
\overline{\mathcal{A}}_{i,m}^{24} = \mathrm{He}\{P_m A_{i,m} - Y_{i,m}C_m\} + C_m^{\mathrm{T}}C_m + \sum_{n \in I_{m,k}}\left[\frac{(\lambda_{mn})^2}{4}Z_{mn} + \pi_{mn}(P_n - P_l)\right]
$$

且 $\mathcal{T}_m = I - B_m(GB_m)^{-1}G$，其他符号定义如定理 5.2 所示。更多的，状态观测器增益由 $L_{i,m} = P_m^{-1}Y_{i,m}$ 得到。

注 5.8

从定理 5.2 和定理 5.3 可以推导出，在两种条件下，即输入矩阵是与规则相关或无关的情况下，滑模动力学的随机稳定性和 H_∞ 性能分析。结果表明，当输入矩阵是规则无关的情况下，模糊控制方案的分析和合成会更加简单，这也是大多数文献中的情况。因此，定理 5.2 的结果是有价值的，因为它建立了检查具有规则相关输入矩阵的 T－S 模糊系统合成的潜在有效方法。

5.3.4　可达性分析

本节处理滑模面 $s(t)=0$ 的可达性。可以确认,所提出的控制方案以有限时间间隔将估计状态驱动到预先设计的滑模面上。

定理 5.4

假设滑动面函数在式(5.10)中被提出,定理5.2 中的条件是可解的。则观测器系统(5.6)的状态轨迹将在有限时间内被合成的模糊 SMC 律驱动到滑模面 $s(t)=0$:

$$u(t) = \sum_{i=1}^{r} h_i(\hat{x}(t)) K_{i,m} \hat{x}(t) - v_x(t) - (G\bar{B}_m)^{-1}(\rho(t)+\delta)\,\mathrm{sgn}(s(t))$$

(5.44)

其中, δ 是一个小的正调谐标量,且

$$\rho(t) = \max_{m\in S} \sum_{i=1}^{r} h_i(\hat{x}(t)) \big[\, \|GL_{i,m}\| \, \|y(t)\| + \|GL_{i,m}C_m\| \, \|\hat{x}(t)\| \,\big]$$

证明:选取如下李雅普诺夫函数

$$V(t) = \frac{1}{2} s^{\mathrm{T}}(t) s(t)$$

(5.45)

然后,给出李雅普诺夫函数 $V(t)$ 沿滑模动力学轨迹的无穷小生成元为

$$\mathcal{L}V(t) = s^{\mathrm{T}}(t)\dot{s}(t)$$

$$= s^{\mathrm{T}}(t) \sum_{i=1}^{r} h_i(\hat{x}(t)) G[L_{i,m}C_m e(t) - \bar{B}_m K_{i,m}\hat{x}(t)]$$

$$+ G\bar{B}_m(u(t) + v_s(t))$$

$$\leqslant |s(t)| \sum_{i}^{r} h_i(\hat{x}(t)) \big[\, \|GL_{i,m}\| \, \|y(t)\| + \|GL_{i,m}\| \, \|\hat{x}(t)\| \,\big]$$

$$- s^{\mathrm{T}}(t) \sum_{i=1}^{r} h_i(\hat{x}(t)) G\bar{B}_m K_{i,m}\hat{x}(t)$$

$$+ s^{\mathrm{T}}(t) G\bar{B}_m(u(t) + v_s(t))$$

(5.46)

将式(5.44)代入式(5.46),得

$$\mathscr{L}V(t) \leqslant -\delta \parallel s(t) \parallel < 0, s(t) \neq 0 \tag{5.47}$$

因此,由式(5.47)可知,滑动面 $s(t) = 0$ 的可达性可以在有限时间内保证。这就完成了证明。

注 5.9

注意到在综合补偿器 $v_s(t)$ 中,要求 $B_{i,m}^{\mathrm{T}} P_m = N_{i,m} C_m$。在 Matlab 环境下应用 LMI Tool − box 无法求解该等式。为了处理这个计算问题,引入如下等价变换。由于 $B_{i,m}^{\mathrm{T}} P_m = N_{i,m} C_m$,则下式成立

$$\mathrm{Trace}\left[\left(B_{i,m}^{\mathrm{T}} P_m - N_{i,m} C_m \right) \left(B_{i,m}^{\mathrm{T}} P_m - N_{i,m} C_m \right)^{\mathrm{T}} \right] = 0 \tag{5.48}$$

因此,存在一个正标量 α_1 使得

$$\left(B_{i,m}^{\mathrm{T}} P_m - N_{i,m} C_m \right) \left(B_{i,m}^{\mathrm{T}} P_m - N_{i,m} C_m \right)^{\mathrm{T}} < \alpha_1 I \tag{5.49}$$

由 Schur 补偿,上述不等式可以等价为

$$\begin{bmatrix} -\alpha_1 I & B_{i,m}^{\mathrm{T}} P_m - N_{i,m} C_m \\ * & -I \end{bmatrix} < 0 \tag{5.50}$$

因此,可以通过寻找以下最小化问题的全局解来优化 H_∞ 性能指标 γ:

$$\min \alpha_1 \ \mathrm{in} \tag{5.51}$$

在定理5.2或定理5.3的条件下可以得到。

注 5.10

当 $\Delta \bar{B}_m = 0$ 时,滑模面函数会相应改变,但滑模动力学不变。由此可见,基于观测器的自适应滑模控制器(5.44),对于具有规则无关输入矩阵的原 T − S 模糊系统(5.1)的稳定也是有效的。因此,所提供的 SMC 方案对于这两种情况都是通用的。

5.4　数值例子

本节给出一个数值例子来说明上述结果的有效性。考虑文献[22 - 23]中提出的单连杆机械臂模型,其中动力学方程为

$$\ddot{\theta}(t) = -\frac{MgL}{J}\sin(\theta(t)) - \frac{D(t)}{J}\dot{\theta}(t) + \frac{1}{J}u(t)$$

其中,$\theta(t)$ 为机械臂的角度位置,$u(t)$ 为控制输入,M 为负载质量,J 为转动惯量,g 为重力加速度,L 为机械臂长度,$D(t)$ 为黏性摩擦系数。参数 g 和 L 的取值分别为 $g = 9.81$ 和 $L = 0.5$。假设参数 $D(t) = D_0 = 2$ 是时不变的,参数 M 和 J 有三种不同的模态,如表 5.1 所示。

表 5.1　参数 M 和 J 的模式和数值

模式 m	参数 M	参数 J
1	1	1
2	1.5	2
3	2	2.5

下面给出联系三种运行模式的转移概率 – 速率矩阵:

$$\begin{bmatrix} -1.0 + \Delta\pi_{11}(h) & ? & ? \\ ? & ? & 0.5 + \Delta\pi_{23}(h) \\ 0.5 + \Delta\pi_{31}(h) & ? & -1.0 + \Delta\pi_{33}(h) \end{bmatrix}$$

令 $x_1(t) = \theta(t)$,$x_2(t) = \dot{\theta}(t)$。在不确定条件下[24],非线性项 $\sin(x_1(t))$ 可以表示为

$$\sin(x_1(t)) = h_1(x_1(t))x_1(t) + \beta h_2(x_1(t))x_1(t)$$

其中,$\beta = 0.01/\pi$,$h_1(x_1(t))$,$h_2(x_1(t)) \in [0,1]$,且 $h_1(x_1(t)) + h_2(x_1(t)) = 1$。因此,隶属函数 $h_1(x_1(t))$ 和 $h_2(x_1(t))$ 分别为

$$h_1(x_1(t)) = \begin{cases} \dfrac{\sin(x_1(t)) - \beta x_1(t)}{x_1(t)(1-\beta)}, & x_1(t) \neq 0 \\[4mm] 1, & x_1(t) = 0 \end{cases}$$

$$h_2(x_1(t)) = \begin{cases} \dfrac{x_1(t) - \sin(x_1(t))}{x_1(t)(1-\beta)}, & x_1(t) \neq 0 \\[4mm] 0, & x_1(t) = 0 \end{cases}$$

从上述隶属函数可以看出,当 $x_1(t) = 0$ rad 时, $h_1(x_1(t)) = 1$, $h_2(x_1(t)) = 0$;当 $x_1(t) = \pi$ rad 或 $x_1(t) = -\pi$ rad 时, $h_1(x_1(t)) = 0$, $h_2(x_1(t)) = 1$。因此,在考虑非线性扰动的情况下,单连杆机械臂的状态空间表示可以用如下双规则 T-S 模糊系统表示。

规则 1:若 $x_1(t)$ 约等于 0 rad,则

$$\begin{cases} \dot{x}(t) = A_{1,m}x(t) + B_{1,m}(u(t) + f(x(t),t)) \\ y(t) = C_m x(t) \end{cases}$$

规则 2:若 $x_1(t)$ 约等于 π 或 $-\pi$ rad,则

$$\begin{cases} \dot{x}(t) = A_{2,m}x(t) + B_{2,m}(u(t) + f(x(t),t)) \\ y(t) = C_m x(t) \end{cases}$$

其中, $x(t) = [x_1^{\mathrm{T}}(t) \quad x_2^{\mathrm{T}}(t)]^{\mathrm{T}}$,且

$$A_{1,1} = \begin{bmatrix} 0 & 1 \\ -gL & -B_0 \end{bmatrix}, R_{1,1} = R_{2,1} = \begin{bmatrix} 0 \\ 1 \end{bmatrix},$$

$$A_{1,2} = \begin{bmatrix} 0 & 1 \\ -0.75gL & -0.5D_0 \end{bmatrix}, B_{1,2} = B_{2,2} = \begin{bmatrix} 0 \\ 0.5 \end{bmatrix},$$

$$A_{1,3} = \begin{bmatrix} 0 & 1 \\ -0.8gL & -0.4D_0 \end{bmatrix}, B_{1,3} = B_{2,3} = \begin{bmatrix} 0 \\ 0.4 \end{bmatrix},$$

$$A_{2,1} = \begin{bmatrix} 0 & 1 \\ -\beta_g L & -D_0 \end{bmatrix}, C_1 = [0.10.3],$$

$$A_{2,2} = \begin{bmatrix} 0 & 1 \\ -0.75\beta gL & -0.5D_0 \end{bmatrix}, C_2 = \begin{bmatrix} -0.3 & 0.4 \end{bmatrix},$$

$$A_{2,3} = \begin{bmatrix} 0 & 1 \\ -0.8\beta gL & -0.4D_0 \end{bmatrix}, C_3 = \begin{bmatrix} 0.2 & -0.1 \end{bmatrix}$$

在该模型中,输入矩阵与规则无关,因此我们可以利用定理 5.3 中的条件来检验所提出的 SMC 理论的有效性。令 $G = \begin{bmatrix} 0 & 1 \end{bmatrix}$,使得 GB_m 非奇异,$K_{1,1} = \begin{bmatrix} -5 & -3 \end{bmatrix}, K_{1,2} = \begin{bmatrix} -3 & -2 \end{bmatrix}, K_{1,3} = \begin{bmatrix} -4 & -2 \end{bmatrix}, K_{2,3} = \begin{bmatrix} -7 & -6 \end{bmatrix}$,且 $\Delta\pi_{mn}(h) \leq \lambda_{mn} = |0.1\pi_{mn}|$。通过求解注 5.9 中 $\gamma = 2.5$ 的最优最小值问题,可以得到如下可行解:

$$P_1 = \begin{bmatrix} 0.2692 & 0.0659 \\ 0.0659 & 0.0560 \end{bmatrix}, P_2 = \begin{bmatrix} 0.2761 & 0.0839 \\ 0.0839 & 0.1027 \end{bmatrix},$$

$$P_3 = \begin{bmatrix} 0.2864 & 0.0773 \\ 0.0773 & 0.0910 \end{bmatrix}, T_{1,1} = \begin{bmatrix} 0.3737 & -0.3479 \\ -0.3479 & 11.3044 \end{bmatrix},$$

$$T_{3,1} = \begin{bmatrix} 0.2750 & 0.7166 \\ 0.7166 & 1.8677 \end{bmatrix}, T_{3,3} = \begin{bmatrix} 0.2478 & 0.0124 \\ 0.0124 & 0.2639 \end{bmatrix},$$

$$Z_{2,3} = \begin{bmatrix} 0.6867 & 0.4529 \\ 0.4529 & 1.4028 \end{bmatrix}, Y_{1,1} = \begin{bmatrix} 1.0664 \\ -0.7208 \end{bmatrix},$$

$$Y_{1,2} = \begin{bmatrix} 0.0565 \\ 0.4630 \end{bmatrix}, Y_{1,3} = \begin{bmatrix} 0.1082 \\ 0.7312 \end{bmatrix}, Y_{2,1} = \begin{bmatrix} 3.4828 \\ 1.3304 \end{bmatrix},$$

$$Y_{2,2} = \begin{bmatrix} 0.9349 \\ 0.5850 \end{bmatrix}, Y_{2,3} = \begin{bmatrix} 2.2671 \\ 1.3137 \end{bmatrix}$$

因此,可以得到观测器增益:

$$L_{1,1} = \begin{bmatrix} 10 \\ -24.6565 \end{bmatrix}, L_{1,2} = \begin{bmatrix} -1.5494 \\ 5.7747 \end{bmatrix},$$

$$L_{1,3} = \begin{bmatrix} -2.3201 \\ 10 \end{bmatrix}, L_{2,1} = \begin{bmatrix} 10 \\ 11.9853 \end{bmatrix},$$

$$L_{2,2} = \begin{bmatrix} 2.2015 \\ 3.8993 \end{bmatrix}, L_{2,3} = \begin{bmatrix} 5.2178 \\ 10 \end{bmatrix}$$

给定初始条件 $x(0) = [0.5\pi \ -1]^{\mathrm{T}}$ 和 $\hat{x}(0) = [0.25\pi \ -0.5]^{\mathrm{T}}$。可调参数 $\delta = \varepsilon = 0.01$，$f(x(t)) = 0.1\sin(x_1(t))$。式(5.15)中自适应律的参数 $l_1 = l_2 = 1$。同时，为了减小切换信号的抖振效应，将 $\mathrm{sgn}(s(t))$ 替换为 $\dfrac{s(t)}{\|s(t)\| + 0.01}$。仿真结果如图 5.1 ~ 图 5.6 所示。图 5.1 给出了隶属度函数。图 5.2 绘制了系统(5.1)和观测器系统(5.6)在一种可能的跳变模式下的状态响应。图 5.3 描述了滑动面的响应，图 5.4 显示了控制输入。图 5.5 给出了 $\hat{\alpha}(t)$ 和 $\hat{\beta}(t)$ 的估计值。图 5.6 给出了整个阶段积分项的值，包括到达阶段和滑动运动阶段。值得指出的是 H_∞。

　　本章的性能测量考虑的是主要关心的滑模动态。从图中可以看出，通过自适应 SMC 律(5.44)，估计状态 $\hat{x}(t)$ 很快收敛到 $x(t)$，实现了随机稳定。因此，本章提出的方法是有效的。

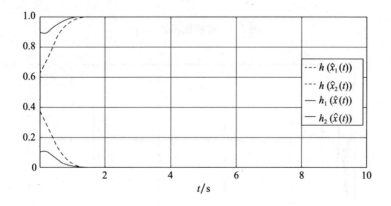

图 5.1　隶属度函数

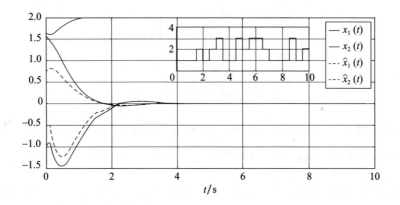

图 5.2　系统状态响应 $x(t)$ 和 $\hat{x}(t)$

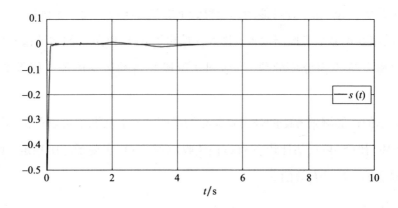

图 5.3　滑模面函数 $s(t)$

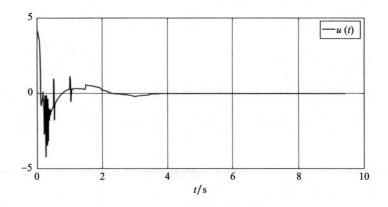

图 5.4　控制输入 $u(t)$

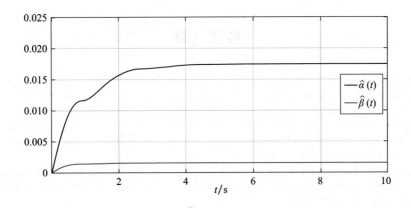

图 5.5　$\hat{\alpha}(t)$ 和 $\hat{\beta}(t)$ 的估计值

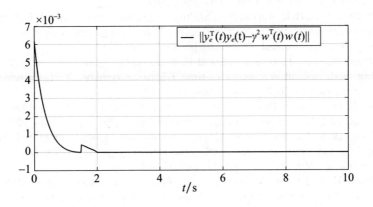

图 5.6　H_∞ 测量的积分项

5.5　结论

本章针对一类具有不可测前提变量的非线性半马尔可夫跳变 T–S 模糊系统,提出了一种基于观测器的自适应 ISMC 策略。提出了一种新的基于不同输入矩阵的观测器空间积分滑模面函数。建立了可行的 LMI 条件,以确保具有一般不确定 TR 的滑模动态系统和误差系统在 H_∞ 扰动抑制水平 γ 下随机稳定。在此基础上,综合了一种自适应 SMC 律,使滑模面在有限时间内达到。最后,通过一个算例数值验证了所得结果的有效性。

参考文献

[1] D. W. C. Ho, and Y. Niu, Robust fuzzy design for nonlinear uncertain stochastic systems via sliding-mode control, *IEEE Transactions on Fuzzy Systems*, Vol. 15, No. 3, pp. 350–358, 2007.

[2] Q. Gao, G. Feng, Z. Xi, and Y. Wang, A new design of robust H_∞ sliding mode control for uncertain stochastic T-S fuzzy time-delay systems, *IEEE Transactions on Cybernetics*, Vol. 44, No. 9, pp. 1556–1566, 2014.

[3] Q. Gao, G. Feng, Z. Xi, Y. Wang, and J. Qiu, Robust H_∞ control of T-S fuzzy time-delay systems via a new sliding-mode scheme, *IEEE Transactions on Fuzzy Systems*, Vol. 22, No. 2, pp. 459–465, 2014.

[4] J. Li, Q. Zhang, X. G. Yan, and S. K. Spurgeon, Robust stabilization of T-S fuzzy stochastic descriptor systems via integral sliding modes, *IEEE Transactions on Cybernetics*, Vol. 48, No. 9, pp. 2736–2749, 2017.

[5] Y. Wang, Y. Gao, H. R. Karimi et al. Sliding mode control of fuzzy singularly perturbed systems with application to electric circuit, *IEEE Transactions on Systems, Man, and Cybernetics: Systems*, Vol. 48, No. 10, pp. 1667–1675, 2017.

[6] Y. Wang, H. Shen, H. R. Karimi, and D. P. Duan, Dissipativity-based fuzzy integral sliding mode control of continuous-time T-S fuzzy systems, *IEEE Transactions on Fuzzy Systems*, Vol. 26, No. 3, pp. 1164–1176, 2017.

[7] Z. Xi, G. Feng, and T. Hesketh, Piecewise integral sliding-mode control for T-S fuzzy systems, *IEEE Transactions on Fuzzy Systems*, Vol. 19, No.1, pp. 65–74, 2011.

[8] B. Jiang, H. R. Karimi, Y. Kao, C. Gao, A novel robust fuzzy integral sliding mode control for nonlinear semi-Markovian jump T-S fuzzy systems, *IEEE Transactions on Fuzzy Systems*, Vol. 26, No. 6, pp. 3594–3604, 2018.

[9] B. Jiang, H. R. Karimi, Y. Kao, C. Gao, Takagi-Sugeno model based sliding mode observer design for finite-time synthesis of semi-Markovian jump systems, *IEEE Transactions on Systems, Man, and Cybernetics: Systems*, Vol. 49, No. 7, pp. 1505–1515, 2018.

[10] H. Li, J. Wang, and P. Shi, Output-feedback based sliding mode control for fuzzy systems with actuator saturation, *IEEE Transactions on Fuzzy Systems*, Vol. 24, No. 6, pp. 1282–1293, 2016.

[11] F. Li, C. Du, C. Yang and W. Gui, Passivity-based asynchronous sliding mode control for delayed singular Markovian jump systems, *IEEE Transactions on Automatic Control*, Vol. 63, No. 8, pp. 2715–2721, 2017.

[12] B. Jiang, Y. Kao, C. Gao, and X. Yao, Passification of uncertain singular semi-Markovian jump systems with actuator failures via sliding mode approach, *IEEE Transactions on Automatic Control*, Vol. 62, No. 8, pp. 4138–4143, 2017.

[13] H. R. Karimi, A sliding mode approach to H_∞ synchronization of masterlave time-delay systems with Markovian jumping parameters and nonlinear uncertainties, *Journal of the Franklin Institute*, Vol. 349, No. 4, pp. 1480–1496, 2012.

[14] L. Wu, P. Shi, and H. Gao, State estimation and sliding-mode control of Markovian jump singular systems, *IEEE Transactions on Automatic Control*, Vol. 55, No. 5, pp. 1213–1219, 2010.

[15] Y. Kao, J. Xie, C. Wang, and H. R. Karimi, A sliding mode approach to H_∞ non-fragile observer-based control design for uncertain Markovian neutral-type stochastic systems, *Automatica*, Vol. 52, pp. 218–226, 2015.

[16] Q. Jia, W. Chen, Y. Zhang, and H. Li, Fault reconstruction and fault-tolerant control via learning observers in Takagi-Sugeno fuzzy descriptor systems with time delays, *IEEE Transactions on Industrial Electronics*, Vol. 62, No. 6, pp. 3885–3895, 2015.

[17] S. Huang, and G. Yang, Fault tolerant controller design for T-S fuzzy systems with time-varying delay and actuator faults: A k-step fault estimation approach, *IEEE Transactions on Fuzzy Systems*, Vol. 22, No. 6, pp. 1526–1540, 2014.

[18] M. Chadli, and H. R. Karimi, Robust observer design for unknown inputs Takagi-Sugeno models, *IEEE Transactions on Fuzzy Systems*, Vol. 21, No. 1, pp. 158–164, 2013.

[19] Z. Ning, L. Zhang and J. Lam, Stability and stabilization of a class of stochastic switching systems with lower bound of sojourn time, *Automatica*, Vol. 92, pp. 18–28, 2018.

[20] J. Song, Y. Niu and Y. Zou, Asynchronous sliding mode control of Markovian jump systems with time-varying delays and partly accessible mode detection probabilities, *Automatica*, Vol. 93, pp. 33–41, 2018.

[21] H. H. Choi, Robust stabilization of uncertain fuzzy systems using variable structure system approach, *IEEE Transactions on Fuzzy Systems*, Vol. 16, No. 3, pp. 715–724, 2008.

[22] H. N. Wu, and K. Y. Cai, Mode-independent robust stabilization for uncertain Markovian jump nonlinear systems via fuzzy control, *IEEE Transactions on Systems, Man, and Cybernetics: Systems*, Vol. 36, No. 3, pp. 509–519, 2005.

[23] R. Palm and D. Driankov, Fuzzy switched hybrid systems-modeling and identification, in *Proceedings of the 1998 IEEE. ISIC/CIRA/ISAS Joint Conference. Gaithersburg, MD*, 1998, pp. 130–135.

[24] K. Tanaka and T. Kosaki, Design of a stable fuzzy controller for an articulated vehicle, *IEEE Transactions on Systems, Man, and Cybernetics, Part B (Cybernetics)*, Vol. 27, No. 3, pp. 552–558, 1997.

第6章 半马尔可夫跳变系统的
分散自适应滑模控制

6.1 引言

物理系统如电力网络、柔性通信网络和生态经济学等,往往维度高,结构复杂;这种系统就是所谓的大尺度系统(large – scale system,LSS)[1-2]。通常,LSS由一组相互连接的低阶子系统描述。由于该组合的优点,在互联系统的控制综合中,分散控制方案[3]优于集中控制方案。最近,我们见证了分散控制方法在工程领域应用的快速增长:例如,参考文献[4]中研究了受不同负载分布影响的线性化电力系统。参考文献[5]采用 LMI 方法研究了多机电力系统的分散控制问题,参考文献[6]采用仅基于摆动角度测量的电力系统鲁棒分散控制问题。然而,由于处理来自其他子系统的未知互联项的困难,设计这样一个分散控制器将是一个挑战。对 LSS 的分散滑模控制也有研究[7-9]。不幸的是,为了便于控制器设计,子系统之间的相互关系被假定为精确已知或上界范数。如果相互关联的信息是未知的呢? 实际上,由于系统结构的高度复杂性,在实践中获取这些知识并不是一件容易的工作。

在上述讨论的基础上,本章讨论了执行器存在死区特性的大型半马尔可夫跳变互联系统的分散自适应 SMC 镇定方案问题。其难点在于提出一种滑模控制器,在存在非线性死区输入的情况下,将滑模控制器与自适应律配合,以确保滑模面在有限时间内可达,并保持良好的滑模运动。其独特之处在于,通过设计各子系统的局部信息化滑模面,得到的滑模动力学也是局部信息化的,具有良好的动力学性能。最后通过局部控制器实现各子系统的稳定,方便了实现过程。

6.2　系统描述

考虑如下由 N 个子系统 $\mathcal{X}_i$ 组成的半马尔可夫跳变互联系统 $\mathcal{X}_i, i \in \mathcal{N} = \{1,2,\cdots,N\}$。第 i 个子系统的动力学描述为

$$\begin{cases} \dot{x}_i(t) = A_i(\eta_t) x_i(t) + B_i(\eta_t)(\phi_i(u_i(t)) + f_i(x_i,t)) + D_i(\eta_t) r_i(x_j(t)) \\ x_i(0) = \varphi_{i0}, \eta_{t_0} = \eta_0 \end{cases}$$

$$(6.1)$$

其中, $x_i(t) \in \mathbb{R}^n$ 为第 i 个子系统的状态向量, $x(t) = [x_1^{\mathrm{T}}(t), \cdots, x_N^{\mathrm{T}}(t)]^{\mathrm{T}}$ 为 $\sum_{i=1}^{N} n_i = n$ 的全局状态向量; $\phi_i(u_i(t))$ 是关于控制输入 $u_i(t) \in \mathbb{R}$ 的非线性函数; $x_i(0)$ 为第 i 个子系统的向量值初始条件。矩阵 $A_i(\eta_t)$、$B_i(\eta_t)$ 和 $D_i(\eta_t)$ 具有适当的维数。不确定参数 $f_i(x_i,t) \in \mathbb{R}$ 满足 $\|f_i(x_i,t)\| \leqslant \alpha_i x_i$ 且 α_i 为已知的正的常数。$r_i(x_j(t))$ 为描述其他子系统影响的未知互联输入且满足

$$\|r_i(x_j(t))\| \leqslant \sum_{j \neq i}^{N} \beta_j \|x_j(t)\|$$

其中, $x_j(t)$ 由 $r_i(\cdot)$ 确定,定义为 $x_j(t) \triangleq [x_1^{\mathrm{T}}(t) \quad \cdots \quad x_{i-1}^{\mathrm{T}}(t) \quad x_{i+1}^{\mathrm{T}}(t) \quad \cdots \quad x_N^{\mathrm{T}}(t)]^{\mathrm{T}}$,是状态 $x(t)$ 中不包含第 i 个子系统分量 $x_i(t)$ 的分量,β_j 是未知的正标量。一般地,存在一个共同的 $\beta_i > 0$,可以替代每个子系统的所有 β_j。

$\{\eta_t, t \geqslant 0\}$ 是在有限集 $\mathcal{S} = \{1,2,\cdots,s\}$ 中取离散值的连续时间半马尔可夫过程,其生成元由下式给出

$$\mathrm{Pr}\{\eta_{t+h} = l \mid \eta_t = k\} = \begin{cases} \pi_{kl}(h)h + o(h), & k \neq l \\ 1 + \pi_{kl}(h)h + o(h), & k = l \end{cases}$$

$$(6.2)$$

其中，$h > 0$ 且 $\lim\limits_{h \to 0} o(h)/h = 0$，$\pi_k(h) > 0$，$k \neq l$，是 t 时刻 k 模态到 $t + h$ 时刻 l 模态的转移率，且对任意的 $k \in \mathcal{S}$，$\pi_k(h) = -\sum\limits_{l \neq k} \pi_{kl}(h) < 0$。

由于 $\pi_{kl}(h)$ 是时变的，直接考虑 LSS 的高复杂度是不容易的。本部分还考虑两种情况：

情形 I：$\pi_{kl}(h)$ 完全未知。

情形 II：$\pi_{kl}(h)$ 不完全已知，但上界和下界已知。

对于情形 II，进一步假设 $\pi_{kl}(h) \in [\underline{\pi}_{kl}, \overline{\pi}_{kl}]$，其中 $\underline{\pi}_{kl}$ 和 $\overline{\pi}_{kl}$ 为已知的实常数，分别表示 $\pi_{kl}(h)$ 的下界和上界。此外，记 $\pi_{kl}(h) \triangleq \pi_{kl} + \Delta\pi_{kl}(h)$，其中 $\pi_{kl} = \dfrac{1}{2}(\underline{\pi}_{kl} + \overline{\pi}_{kl})$ 且 $|\Delta\pi_{kl}(h)| \leq \lambda_{kl}$，$\lambda_{kl} = \dfrac{1}{2}(\overline{\pi}_{kl} - \underline{\pi}_{kl})$。因此，具有三种跳变模式的转移速率（TR）矩阵可以描述为

$$
\begin{bmatrix}
\pi_{11} + \Delta\pi_{11}(h) & ? & \pi_{13} + \Delta\pi_{13}(h) \\
? & ? & \pi_{23} + \Delta\pi_{23}(h) \\
? & \pi_{32} + \Delta\pi_{32}(h) & ?
\end{bmatrix}
\tag{6.3}
$$

其中，"?"是对未知 TR 的描述。为简洁起见，$\forall k \in \mathcal{S}$，令 $I_k = I_{k,kn} \cup I_{k,ukn}$，其中

$$I_{k,kn} \triangleq \{\text{对于 } l \in \mathcal{S}, \text{可定义 } \pi_{kl}\}$$

$$I_{k,ukn} \triangleq \{\text{对于 } l \in \mathcal{S}, \pi_{kl} \text{未知}\}$$

类似地，我们考虑 $I_{k,kn} \neq \varnothing$ 和 $I_{k,ukn} \neq \varnothing$，并定义如下集合：

$$I_{k,kn} \triangleq \{\ell_{k,1}, \ell_{k,2}, \cdots, \ell_{k,o}\} \, 1 \leq o < s$$

其中，o 表示集合中元素的个数，$\ell_{k,t}(t = 1, 2, \cdots, o)$ 表示 TR 矩阵第 k 行第 i 个元素的索引。

注 6.1

注意到在文献[1]中，对每个第 i 个子系统采用不同的模态过程 $\eta_i(t)$。但存在一个双射 $\psi: \mathcal{M}_v \to \mathcal{M}_s$，将这些个体过程 $\eta_i(t)$ 转化为一个全局跳变过程 $\eta(t)$。$\mathcal{M}_v$ 是 $[\eta_1(t) \cdots \eta_N(t)]$ 取值的集合，其中 $\eta_i(t) \in \{1, 2, \cdots, M_i\} \, i \in \mathcal{N}$。

$\mathcal{M}_s$ 是由 $\mathcal{M}_s \triangleq \{1,2,\cdots,M\}$ 定义的集合,且 $M \leqslant \prod\limits_{i=1}^{N} M_i$。

对于非线性 LSS(6.1),通过实现具有死区特性的驱动装置 $\phi_1(u_i(t))$ 来达到镇定目的。$u_i(t)$ 是后面要设计的控制输入。子系统图如图 6.1 所示。为了明确死区非线性 $\phi_i(u_i(t))$ 的特性,下面对其进行定义。

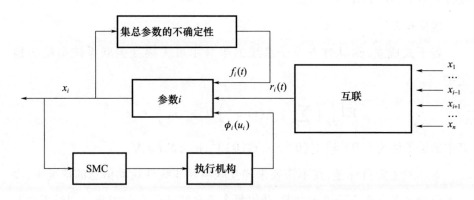

图 6.1　系统 $\mathcal{X}$ 的流程图

定义 6.1[10]

允许的死区非线性输入函数 $\phi_i(u_i(t))$ 满足

$$\phi_i(u_i) = \begin{cases} \bar{\phi}_i(u_i)(u_i - \bar{u}_i), & u_i > \bar{u}_i \\ 0, & -\underline{u}_j \leqslant u_i \leqslant \bar{u}_i \\ \underline{\phi}_i(u_i)(u_i + \underline{u}_i), & u_i < -\underline{u}_i \end{cases} \tag{6.4}$$

其中,$\bar{\phi}_i(u_i) > 0$ 和 $\underline{\phi}_i(u_i) > 0$ 是 u_i 的非线性函数,$\bar{u}_i > 0$ 和 $\underline{u}_i > 0$ 是常数。

因此,$\phi_i(u_i)$ 满足以下性质:

$$\begin{aligned} (u_i - \bar{u}_i)\phi_i(u_i) \geqslant \bar{m}_i(u_i - \bar{u}_i)^2, & u_i > \bar{u}_i \\ (u_i + \underline{u}_j)\phi_i(u_i) \geqslant \underline{m}_i(u_i + \underline{u}_j)^2, & u_i < -\underline{u}_j \end{aligned} \tag{6.5}$$

其中,$\bar{m}_i \leqslant \bar{\phi}_i(u_i)$ 和 $\underline{m}_i \leqslant \underline{\phi}_i(u_i)$ 为常数。不失一般性,本章考虑 $\phi_i(u_i)$ 关于原点反对称的情形,其中 $\bar{u}_i = \underline{u}_i = u_{i0}$,$\bar{m}_i = \underline{m}_i = m_i$。基于此条件,式(6.5)改写为

$$(u_i - u_{i0})\phi_i(u_i) \geq \bar{m}_i (u_i - u_{i0})^2, u_i > u_{i0}$$

$$(u_i + u_{i0})\phi_i(u_i) \geq \underline{m}_i (u_i + u_{i0})^2, u_i < -u_{i0} \qquad (6.6)$$

假设 6.1

每个子系统的输入矩阵 $B_i(k)$ 是列满秩的,并且存在适当维数的矩阵 $H_i(k)$ 使得 $D_i(k) = B_i(k)H_i(k)$。

定义 6.2[1]

若下式成立,则具有 N 个子系统的半马尔可夫跳变关联系统是随机稳定的

$$\mathrm{E}\left\{\int_0^\infty \left(\sum_{i=1}^N \| x_i(t) \|^2\right) \mathrm{d}t \,\Big|\, x_0, \eta_0\right\} < \infty$$

其中初始条件为 $x(0) = [x_1^{\mathrm{T}}(0), \cdots, x_N^{\mathrm{T}}(0)]^{\mathrm{T}}, \eta_0 \in \mathcal{S}, i \in \mathcal{N}$。

本章的主要目标是,在不需要未知互联项和非线性扰动信息的情况下,设计无模型参考自适应滑模控制器,使得每个子系统的状态都能驱动到滑模面并保持滑动运动。此外,次要目标是保证具有一般不确定 TR 的互联 LSS(6.1) 的随机稳定性。

6.3 主要结果

对于 LSS(6.1),滑模控制器的设计过程包括两个步骤。首先,对于子系统而言,需要设计合适的滑模面,在滑模面上发生滑动运动,使被控系统具有期望的动态性能。通过令复合矢量 S 为零,即 $S = [s_1^{\mathrm{T}} \quad s_2^{\mathrm{T}} \quad \cdots \quad s_N^{\mathrm{T}}]^{\mathrm{T}} = 0$,定义所提出的控制方案的复合切换面。

6.3.1 滑模面设计

设每个子系统的关联滑动面定义为

$$s_i(t) = G_i x_i(t) - \int_0^t G_i(A_i(k) + B_i(k)K_i(k))x_i(s)\mathrm{d}s \qquad (6.7)$$

其中，选取 $G_i \in \mathbb{R}^{n_i}$ 使得 $G_i B_i(k)$ 是非奇异的，然后选取 $K_i(k) \in \mathbb{R}^{n_i}$ 使得 $A_i(k) + B_i(k) K_i(k)$ 是 Hurwitz 矩阵。

根据变结构控制理论[11]，在滑动超平面内，分别有 $s_i(t) = 0$ 和 $\dot{s}_i(t) = 0$。由条件 $\dot{s}_i(t) = 0$，得到

$$
\begin{aligned}
\dot{s}_i(t) &= G_i\big[B_i(k)\big(\phi_i(u_i(t)) + f_i(x_i,t) \big) \\
&\quad + D_i(k) n(x_j(t)) - B_i(k) K_i(k) x_i(t) \big] = 0
\end{aligned}
\tag{6.8}
$$

因此，由式(6.8)可得

$$
\phi_i(u_{eq}) = K_i(k) x_i(t) - f_i(x_i,t) - (G_i B_i(k))^{-1} G_i D_i(k) r_i(x_j(t)) \tag{6.9}
$$

将式(6.9)代入式(6.1)，并应用假设 6.1 中的条件，推导出如下的滑模动态：

$$
\dot{x}_i(t) = (A_i(k) + B_i(k) K_i(k)) x_i(t) \tag{6.10}
$$

在推导出滑模动态(6.10)之后，下一阶段是分析定义 6.2 意义下的随机稳定性。

6.3.2　滑模动力学稳定性分析

由于 MJS 中的无记忆特性不属于 S – MJS，TR 具有时变或高度非线性的特性，这使得在考虑一般不确定 TR 时，提出随机稳定性判据的主要技术难点。然而，下面的定理是在文献[12]的基础上，给出带有半马尔可夫跳变参数的 LSS 随机稳定性分析。

定理 6.1

如果存在正定矩阵 $P_i(k) > 0, U_i(kl) > 0$ 和 $V_i(kl) > 0$，则动态子系统 (6.1)具有的滑模动态(6.10)是随机稳定的，使得对 $k \in \mathcal{S}, i \in \mathcal{N}$，下列条件成立。

若 $k \in I_{k,kn}, \forall j \in I_{k,ukn}, I_{k,kn} \triangleq \{ \ell_{k,1}, \ell_{k,2}, \cdots, \ell_{k,o_1} \}$，则

$$
\begin{bmatrix} \mathcal{A}_i^{11}(k) & \mathcal{A}_i^{12}(k) \\ * & \mathcal{A}_i^{22}(k) \end{bmatrix} < 0 \tag{6.11}
$$

若 $k \in I_{k,ukn}$，$\forall j \in I_{k,ukn}$，$I_{k,kn} \triangleq \{\ell_{k,1}, \ell_{k,2}, \cdots, \ell_{k,o_2}\}$，$j \neq k$，则

$$P_i(k) - P_i(j) \geqslant 0 \tag{6.12a}$$

$$\begin{bmatrix} \mathcal{A}_i^{21}(k) & \mathcal{A}_i^{22}(k) \\ * & \mathcal{A}_i^{23}(k) \end{bmatrix} < 0 \tag{6.12b}$$

其中

$$\mathcal{A}_i^{11}(k) = \mathrm{He}[P_i(k)(A_i(k) + B_i(k)K_i(k))] + \sum_{I \in I_{k,kn}} \left[\frac{(\lambda_{kl})^2}{4} U_i(k,l)\right.$$

$$\left. + \pi_{kl}(P_i(l) - P_i(j))\right]$$

$$\mathcal{A}_i^{12}(k) = [(P_i(\ell_{k,1}) - P_i(j)) \cdots (P_i(\ell_{k,o1}) - P_i(j))]$$

$$\mathcal{A}_i^{13}(k) = [-U_i(k,\ell_{k,1}) \cdots -U_i(k,\ell_{k,o1})]$$

$$\mathcal{A}_i^{21}(k) = \mathrm{He}\{P_i(k)(A_i(k) + B_i(k)K_i(k))\} + \sum_{I \in I_{k,kn}} \left[\frac{(\lambda_{kl})^2}{4} V_i(k,l)\right.$$

$$\left. + \pi_{kl}(P_i(l) - P_i(j))\right]$$

$$\mathcal{A}_i^{22}(k) = [(P_i(\ell_{k,1}) - P_i(j)) \cdots (P_i(\ell_{k,o2}) - P_i(j))]$$

$$\mathcal{A}_i^{23}(k) = [-V_i(k,\ell_{k,1}) \cdots -V_i(k,\ell_{ko2})]$$

证明： 考虑如下李雅普诺夫函数

$$V(t) = \sum_{i=1}^{N} V_i(x_i(t), \eta_t) = \sum_{i=1}^{N} x_i^{\mathrm{T}}(t) P_i(\eta_i) x_i(t) \tag{6.13}$$

然后，根据定义 1.5 和文献[12]所提出的方法，有

$$\mathcal{L}V_i(x_i(t), k) = \lim_{\delta \to 0} \frac{1}{\delta} \left[\sum_{l=1, i \neq k}^{s} \Pr[\eta_{t+\delta} = l | \eta_t = k] x_{i,\delta}^{\mathrm{T}} P_i(l) x_{i,\beta}\right.$$

$$\left. + \Pr[\eta_{t+\delta} = l | \eta_t = k] x_{i,\delta}^{\mathrm{T}} P_i(k) x_{i,\delta} - x_i^{\mathrm{T}}(t) P_i(k) x_i(t)\right] \tag{6.14}$$

其中，$x_{i,\delta} \triangleq x_i(t+\delta)$，对于不具有无记忆性质的逗留时间的一般分布，即 $\Pr\{\eta_{t+\delta} = l | \eta_t = k\} \neq \Pr\{\eta_\delta = l | \eta_0 = k\}$，由条件概率公式，有

$$\mathcal{L}V_i(x_i(t),k) = \lim_{\delta \to 0} \frac{1}{\delta} \Big[\sum_{l=1,l\neq k}^{s} \frac{q_{kl}(G_k(h+\delta) - G_k(t))}{1 - G_k(h)} x_{i,\delta}^{\mathrm{T}} P_i(l) x_{i,\delta}$$

$$+ \frac{1 - G_k(h+\delta)}{1 - G_k(h)} x_{i,\delta}^{\mathrm{T}} P_i(k) x_{i,\delta} - x_i^{\mathrm{T}}(t) P_k x_i(t) \Big]$$

$$= \lim_{\delta \to 0} \frac{1}{\delta} \Big[\sum_{l=1,l\neq k}^{s} \frac{q_{kl}(G_k(h+\delta) - G_k(h))}{1 - G_k(h)} x_{i,\delta}^{\mathrm{T}} P_i(l) x_{i,\delta}$$

$$+ \frac{1 - G_k(h+\delta)}{1 - G_k(h)} [x_{i,\delta}^{\mathrm{T}} - x_i^{\mathrm{T}}(t)] P_i(k) x_{i,\delta}$$

$$+ \frac{1 - G_k(h+\delta)}{1 - G_k(h)} x_i^{\mathrm{T}}(t) P_i^{\mathrm{T}}(k) [x_{i,\delta} - x_i(t)]$$

$$- \frac{G_k(h+\delta) - G_k(h)}{1 - G_k(h)} x_i^{\mathrm{T}}(t) P_i(k) x_i(t) \Big] \tag{6.15}$$

其中, $G_k(h)$ 定义为系统停留在模式 k 时的逗留时间的累积分布函数, q_{kl} 为从模式 k 到模式 l 的概率强度。另外,有

$$\lim_{\delta \to 0} \frac{(G_k(h+\delta) - G_k(h))}{(1 - G_k(h))\delta} = \pi_k(h)$$

$$\lim_{\delta \to 0} \frac{1 - G_k(h+\delta)}{1 - G_k(h)} = 1 \tag{6.16}$$

其中, $\pi_k(h)$ 是系统从模式 k 跳出的 TR。因此,有

$$\mathcal{L}V_i(x_i(t),k) = \sum_{l=1,\cdots,k}^{s} q_{kl}\pi_k(h) x_i^{\mathrm{T}}(t) P_i(l) x_i(t)$$

$$+ 2x_i^{\mathrm{T}}(t) P_i(k) \dot{x}(t) - \pi_k(h) x_i^{\mathrm{T}}(t) P_i(k) x_i(t) \tag{6.17}$$

现在,针对 $l \neq k$ 和 $\pi_k(h) = -\sum_{l\neq k} \pi_{kl}(h)$ 定义 $\pi_{kl}(h) = \pi_k(h) q_k$。总的来说,有

$$\mathcal{L}V(t) = \mathcal{L} \sum_{i=1}^{N} V_i(x_i(t),k) = \sum_{i=1}^{N} x_i^{\mathrm{T}}(t) \check{\Gamma}_i(k) x_i(t) \tag{6.18}$$

其中, $\check{\Gamma}_i(k) = \Gamma_i(k) + \sum_{l=1}^{s} \pi_{kl}(h) P_i(l)$ 且 $\Gamma_i(k) = \mathrm{He}[P_i(k)(A_i(k) + B_i(k)$

$K_i(k))]$，因此，若 $\check{\Gamma}_i(k) < 0$，则全局互联半马尔可夫跳变系统是随机稳定的。于是，下面的证明继续进行。我们考虑以下两种情况。

情形 I：$k \in I_{k,kn}$。

首先，定义 $\lambda_{k,kn} \triangleq \sum_{l \in I_{k,kn}} \pi_{kl}(h)$。由于 $I_{k,ukn} \neq \varnothing$，$\lambda_{k,kn} < 0$ 成立。注意到 $\sum_{l=1}^{s} \pi_{kl}(h) P_i(l)$ 可表示为

$$\sum_{l=1}^{s} \pi_M(h) P_i(l) = \left(\sum_{l \in I_{k,kn}} + \sum_{l \in I_{k,ukn}} \right) \pi_{kl}(h) P_i(l) \tag{6.19}$$

$$= \sum_{l \in I_{k,kn}} \pi_{kl}(h) P_i(l) - \lambda_{k,kn} \sum_{l \in I_{k,ukn}} \frac{\pi_{kl}(h)}{-\lambda_{k,kn}} P_i(l)$$

显然 $0 \leqslant \pi_{kl}(h) / -\lambda_{k,kn} \leqslant 1 (I \in I_{k,ukn})$ 且 $\sum_{l \in I_{k,ukn}} \frac{\pi_{kl}(h)}{-\lambda_{k,kn}} = 1$。因此对于 $\forall j \in I_{k,ukn}$，有

$$\check{\Gamma}_i(k) = \sum_{l \in I_{k,ukn}} \frac{\pi_{kl}(h)}{-\lambda_{k,kn}} \left[\Gamma_i(k) + \sum_{l \in I_{k,kn}} \pi_{kl}(h) (P_i(l) - P_i(j)) \right] \tag{6.20}$$

因此，对于 $0 \leqslant \pi_k(h) \leqslant -\lambda_{k,kn}$，$\check{\Gamma}_i(k) < 0$ 可等价为

$$\Gamma_i(k) + \sum_{l \in I_{k,kn}} \pi_{kl}(h) (P_i(I) - P_i(j)) < 0 \tag{6.21}$$

在式(6.21)中，下式成立

$$\sum_{l \in I_{k,kn}} \pi_{kl}(h) (P_i(l) - P_i(j)) = \sum_{l \in I_{k,kn}} \pi_{kl} (P_i(l) - P_i(j))$$

$$+ \sum_{l \in I_{k,kn}} \Delta\pi_{kl}(h) (P_i(l) - P_i(j)) \tag{6.22}$$

然后，利用引理1.4，对任意的 $U_i(kl) > 0$，有

$$\sum_{l \in I_{k,kn}} \Delta\pi_{kl}(h) (P_i(l) - P_i(j))$$

$$= \sum_{l \in I_{k,kn}} \left[\frac{1}{2} \Delta\pi_{kl}(h) ((P_i(l) - P_i(j)) + (P_i(l) - P_i(j))) \right]$$

$$\leqslant \sum_{l \in I_{k,kn}} \left[\frac{(\lambda_{kl})^2}{4} U_i(kl) + (P_i(l) - P_i(j)) U_i(kl))^{-1} (P_i(l) - P_i(j))^{\mathrm{T}} \right]$$

$$\tag{6.23}$$

结合式(6.19)~式(6.23)，然后应用 Schur 补偿，推导出当 $k \in I_{k,kn}$ 时，式(6.11)保证 $\check{\Gamma}_{i,m} < 0$。

情形 $\text{II}: k \in I_{k,ukn}$。

类似地，定义 $\lambda_{k,kn} \triangleq \sum_{l \in I_{k,kn}} \pi_{kl}(h)$。由于 $I_{k,kn} \neq \varnothing$，使得 $\lambda_{k,kn} > 0$ 成立。

$\sum_{l=1}^{s} \pi_{kl}(h) P_l$ 可表示为

$$\sum_{l=1}^{s} \pi_{kl}(h) P_i(l) = \sum_{l \in I_{k,kn}} \pi_{kl}(h) P_i(l) + \pi_{kk}(h) P_i(k) + \sum_{l \in I_{k,ukn}, l \neq k} \pi_{kl}(h) P_i(l)$$

$$= \sum_{i \in I_{k,kn}} \pi_{kl}(h) P_i(l) + \pi_{kk}(h) P_i(k)$$

$$- (\pi_{kk}(h) + \lambda_{k,kn}) \sum_{l \in I_{k,ukn}, l \neq k} \frac{\pi_{kl}(h) P_i(l)}{-\pi_{kk}(h) - \lambda_{k,kn}} \qquad (6.24)$$

显然 $0 \leqslant \pi_{kl}(h) / -\pi_{kk}(h) - \lambda_{k,kn} \leqslant 1 (l \in I_{k,\min})$ 且 $\sum_{l \in I_{k,ukn}, l \neq k} \frac{\pi_{kl}(h)}{-\pi_{kk}(h) - \lambda_{i,kn}} = 1$。

对于 $\forall j \in I_{k,ukn}, j \neq k$，有

$$\check{\Gamma}_i(k) = \sum_{l \in I_{k,ukn}, l \neq k} \frac{\pi_{kl}(h)}{-\pi_{kk}(h) - \lambda_{k,kn}} \Big[\Gamma_i(k) + \pi_{kk}(h) (P_i(k) - P_i(j))$$

$$+ \sum_{l \in I_{k,kn}} \pi_{kl}(h) (P_i(l) - P_i(j)) \Big]$$

$$(6.25)$$

因此，对于 $0 \leqslant \pi_{kl}(h) \leqslant -\pi_{kk}(h) - \lambda_{k,kn}$，$\check{\Gamma}_i(k) < 0$ 可等价为

$$\Gamma_i(k) + \pi_{kk}(h) (P_i(k) - P_i(j)) + \sum_{l \in I_{k,kn}} \pi_{kl}(h) (P_i(l) - P_i(j)) < 0$$

$$(6.26)$$

由于 $\pi_{kk}(h) < 0$，若存在下式，则式(6.26)成立

$$\begin{cases} P_i(k) - P_i(j) \geqslant 0 \\ \Gamma_i(k) + \sum_{l \in I_{k,kn}} \pi_k(h) (P_i(l) - P_i(j)) < 0 \end{cases} \qquad (6.27)$$

同样,在式(6.22)和式(6.23)中,对于任意 $V_i(kl) > 0$,有

$$\sum_{l \in I_{k,kn}} \pi_{kl}(h)(P_i(l) - P_i(j)) \leqslant \sum_{l \in I_{k,kn}} \pi_{kl}(P_i(l) - P_i(j))$$

$$+ \sum_{l \in I_{k,kn}} \left[\frac{(\lambda_{kl})^2}{4} V_i(kl) + (P_i(l) - P_i(j)) V_i^{-1}(kl)(P_i(l) - P_i(j))^{\mathrm{T}} \right]$$

$$(6.28)$$

结合式(6.24)~式(6.28),我们知道当 $k \in I_{k,ukn}$ 时,式(6.12a)和式(6.12b)通过 Schur 补偿的方法保证了 $\check{\Gamma}_i(k) < 0$。综上所述,全局互联的大规模半马尔可夫跳变系统是随机稳定的。这就完成了证明。

注 6.2

虽然 TR 是时变的,而且不完全知道,但由于在 TR 矩阵建模中使用了平均方法,在定理 6.1 中建立了严格的 LMI 条件,其中直接使用了常数,并且借助引理 1.4 在式(6.23)和式(6.28)中处理了不确定性。因此,将整体准则合并为一个单元,而不是分别应用不确定 TR 的上下限。

6.3.3 滑模面收敛性

在上述章节中,我们设计了滑模面并分析了相应的滑模动力学的随机稳定性。下一步是设计一个合适的滑模控制器,使得被控系统的状态被吸引到预先设计的滑模面上,并在随后的所有时间内保持在该滑模面上。

众所周知,通过引入 SMC,滑模具有抗扰性且对对象参数变化不敏感。然而,子系统之间的相互联系是未知的。因此,我们采用一个自适应增益 $\hat{\beta}_i(t)$ 来适应这些未知互联中的 β_i。相应的自适应误差定义为 $\tilde{\beta}_i(t) = \hat{\beta}_i(t) - \beta_i$。

定理 6.2

假设滑模面函数在式(6.7)中被提出,定理 6.1 中的条件是可行的,则受控系统(6.1)的状态轨迹将在有限时间内几乎必然地被下面所综合的自适应 SMC 律驱动到滑模面 $s(t) = 0$ 上:

$$u_i(t) = -\frac{s_i(t)}{\|s_i(t)\|}(\rho_i(t) + u_{i0}) \tag{6.29}$$

其中

$$\rho_i(t) = \frac{1}{m_i}\left[(\|K_i(k)\| + \alpha_i)\|x_i(t)\| + \sum_{j \neq i}\hat{\beta}_i(t)\|H_j(k)\|\|x_i(t)\| + m_i\sigma_i\right]$$

以 $\sigma_i > 0$ 为小的调谐标量,自适应增益设计为

$$\dot{\hat{\beta}}_i(t) = c_{i0}\sum_{i=1}\|H_j(k)\|\|x_i(t)\|$$

其中,c_{i0} 是设计者指定的一个正的标量。

证明:选取如下的李雅普诺夫函数

$$V(t) = \sum_{i=1}^{N}(s_i^{\mathrm{T}}(t)s_i(t))^{1/2} + \sum_{i=1}^{N}\frac{1}{2}c_{i0}^{-1}\tilde{\beta}_i^2(t) \tag{6.30}$$

然后,

$$\begin{aligned}
\mathcal{L}V(t) &= \sum_{i=1}^{N}\frac{[\dot{s}_i^{\mathrm{T}}(t)s_i(t) + s_i^{\mathrm{T}}(t)\dot{s}_i(t)]}{2\sqrt{s_i^{\mathrm{T}}(t)s_i(t)}} + \sum_{i=1}^{N}c_{i0}^{-1}\tilde{\beta}_i(t)\dot{\tilde{\beta}}_i(t) \\
&= \sum_{i=1}^{N}\frac{s_i(t)}{\|s_i(t)\|}G_iB_i(k)[(\phi_i(u_i(t)) + f_i(x_i,t)) \\
&\quad + H_i(k)r_i(x_j(t)) - K_i(k)x_i(t)] + \sum_{i=1}^{N}c_{i0}^{-1}\dot{\tilde{\beta}}_i(t)(\hat{\beta}_i(t) - \beta_i)
\end{aligned} \tag{6.31}$$

注意到 $\dot{\tilde{\beta}}_i(t) = \dot{\hat{\beta}}_i(t)$,且

$$\begin{aligned}
&\sum_{i=1}^{N}\frac{s_i(t)}{\|s_i(t)\|}G_iB_i(k)H_i(k)\sum_{j=1,j\neq i}^{N}\beta_i\|x_j(t)\| \\
&= \sum_{i=1}^{N}\sum_{j=1,j\neq i}^{N}\frac{s_j(t)}{\|s_j(t)\|}G_jB_j(k)H_j(k)\beta_j\|x_i(t)\|
\end{aligned} \tag{6.32}$$

特别地,为简单起见,假设存在 G_i 使得 $G_iB_i(k) = 1$。因此,基于上述等式,由式 (6.31)得到如下不等式

$$\mathcal{L}V(t) \leqslant \sum_{i=1}^{N} \frac{s_i(t)}{\parallel s_i(t) \parallel} \Big[\phi_i(u_i(t)) + \alpha_i \parallel x_i(t) \parallel$$

$$+ \Big(\sum_{j=1, j\neq i}^{N} \beta_j \parallel H_j(k) \parallel + \parallel K_i(k) \parallel \Big) \parallel x_i(t) \parallel \Big] + \sum_{i=1}^{N} c_{i0}^{-1} \dot{\hat{\beta}}_i(t)(\hat{\beta}_i(t) - \beta_i)$$

$$(6.33)$$

改变控制律(6.29)的形式,即

$$u_i(t) + \frac{s_i(t)}{\parallel s_i(t) \parallel} U_{i0} = - \frac{s_i(t)}{\parallel s_i(t) \parallel} \rho_i(t) \qquad (6.34)$$

将上述等式代入式(6.6),得

$$\frac{s_i(t)}{\parallel s_i(t) \parallel} \phi_i(u_i) \leqslant - m_i \rho_i(t) \qquad (6.35)$$

结合式(6.33)和式(6.35),并考虑式(6.29)中的 $\rho_i(t)$ 和 $\dot{\hat{\beta}}_i(t)$,得到

$$\mathcal{L}V(t) \leqslant - \sum_{i=1}^{N} \sigma_i = - \sigma, \parallel s_i(t) \parallel \neq 0 \qquad (6.36)$$

现在,将式(6.36)从 0 到 t 积分,然后对两边同时取期望,可以得到

$$\sum_{i=1}^{N} \mathrm{E} \parallel s_i(t) \parallel \leqslant \mathrm{E}V(t) \leqslant \mathrm{E}V(0) - \sigma t \qquad (6.37)$$

由式(6.37)可得,对所有的 $t \geqslant t^* = \mathrm{E}V(0)/\sigma$ 都有 $\mathrm{E} \parallel s_i(t) \parallel = 0$,这意味着对 $t \geqslant t^*$, $s_i(t) = 0$ 几乎必然成立。这就完成了证明。

注 6.3

本章基于子系统间的局部信息,设计了自适应律对子系统间的未知相互关系进行补偿,这是与现有文献相比的主要贡献之一。因此,全局 LSS 的稳定也是通过实现局部控制器来实现的,减少了实际操作的复杂性。此外,自适应 SMC 成功地保证了滑模表面的有限时间可达性,并保持了沿动态(6.10)的滑模运动。

6.4　数值例子

在这一部分,我们用一个数值例子来说明所提出结果的优点。考虑一个包含两个子系统的半马尔可夫跳变关联系统。令 $\eta(t)$ 为具有两个模态的每个子系统的模态信息。各子系统的系统数据由以下公式给出:

$$A_1(1) = \begin{bmatrix} -1 & 0.5 \\ -0.5 & 0 \end{bmatrix}, A_1(2) = \begin{bmatrix} 0.5 & -1 \\ 1 & 0.5 \end{bmatrix},$$

$$A_1(3) = \begin{bmatrix} 1 & -0.2 \\ 0 & 1 \end{bmatrix}, A_2(1) = \begin{bmatrix} 1 & -0.2 \\ 0.5 & -1.5 \end{bmatrix},$$

$$A_2(2) = \begin{bmatrix} 0.8 & -1 \\ 2 & 0.5 \end{bmatrix}, A_2(3) = \begin{bmatrix} 0.5 & 0 \\ -0.1 & -1 \end{bmatrix},$$

$$B_1(k) = \begin{bmatrix} 0 \\ 2 \end{bmatrix}, B_2(k) = \begin{bmatrix} 1 \\ 0 \end{bmatrix}, k = 1,2,3,$$

$$D_1(1) = \begin{bmatrix} 0 & 0 \\ 1 & 2 \end{bmatrix}, D_1(2) = \begin{bmatrix} 0 & 0 \\ 4 & 2 \end{bmatrix},$$

$$D_1(3) = \begin{bmatrix} 0 & 0 \\ 3 & 2 \end{bmatrix}, D_2(1) = \begin{bmatrix} 2 & 3 \\ 0 & 0 \end{bmatrix},$$

$$D_2(2) = \begin{bmatrix} 2 & 4 \\ 0 & 0 \end{bmatrix}, D_2(3) = \begin{bmatrix} 1 & 2 \\ 0 & 0 \end{bmatrix}$$

死区非线性输入函数由下式给出:

$$\phi_1(u_1) = \begin{cases} (1.2 - 0.5e^{0.3 \mid \sin u_1(t) \mid})(u_1 - u_{10}), & u_1 > u_{10} \\ 0, & \mid u_1 \mid \leqslant u_{10} \\ (1.2 - 0.5e^{0.3 \mid \sin u_1(t) \mid})(u_1 + u_{10}), & u_1 < -u_{10} \end{cases}$$

$$\phi_2(u_2) = \begin{cases} (1.5 - 0.3e^{0.3 | \cos u_2(t) |})(u_2 - u_{20}), u_2 > u_{20} \\ 0, \quad |u_2| \leqslant u_{20} \\ (1.5 - 0.3e^{0.3 | \cos u_2(t) |})(u_2 + u_{20}), u_2 < -u_{20} \end{cases}$$

相应的 TR 矩阵由下式描述:

$$\begin{bmatrix} -2.0 + \Delta\pi_{11}(h) & \nabla_{12} & \nabla_{13} \\ \nabla_{21} & \nabla_{22} & 0.5 + \Delta\pi_{23}(h) \\ 0.5 + \Delta\pi_{31}(h) & \nabla_{32} & -1.5 + \Delta\pi_{33}(h) \end{bmatrix}$$

如果每个子系统的随机跳变参数不同,我们可以采用类似于文献[1]中的方法。记增广向量 $[\eta_1(t), \eta_2(t)]^T$,作为互联系统的全局模态信息,取值于 $\mathcal{M}_v = \{[1,1]^T, [1,2]^T, [2,1]^T, [2,2]^T\}$。然后,通过双射 ψ,我们可以通过在集合 $\mathcal{M}_s = \{1,2,3,4\}$ 中取值来定义一个全局跳变过程 $\eta(t)$。

对于本工作,给定以下参数进行仿真研究:$\alpha_1 = 0.5, \alpha_2 = 0.8, m_1 = m_2 = 0.5$, $u_{10} = u_{20} = 2, G_1 = [0 \quad 0.5], G_2 = [1 \quad 0], K_1(1) = K_1(2) = K_1(3) = [1 \quad -1]$, 以及 $K_2(1) = K_2(2) = K_2(3) = [-5 \quad 0]$。首先,检验定理 6.1 中的条件,得到以下可行解:

$$P_1(1) = \begin{bmatrix} 2.9396 & -0.1178 \\ -0.1178 & 0.8790 \end{bmatrix}, P_1(2) = \begin{bmatrix} 4.5799 & -0.9887 \\ -0.9887 & 1.6206 \end{bmatrix}$$

$$P_1(3) = \begin{bmatrix} 2.9719 & -0.3194 \\ -0.3194 & 1.2816 \end{bmatrix}, P_2(1) = \begin{bmatrix} 0.6433 & 0.5188 \\ 0.5188 & 1.3794 \end{bmatrix}$$

$$P_2(2) = \begin{bmatrix} 1.6110 & 1.0967 \\ 1.0967 & 1.8549 \end{bmatrix}, P_2(3) = \begin{bmatrix} 0.7261 & 0.3987 \\ 0.3987 & 1.0326 \end{bmatrix}$$

$$U_1(31) = \begin{bmatrix} 3.2294 & -0.2236 \\ -0.2236 & 3.0299 \end{bmatrix}, U_1(33) = \begin{bmatrix} 3.1961 & -0.1439 \\ -0.1439 & 2.9215 \end{bmatrix}$$

$$U_2(11) = \begin{bmatrix} 3.0076 & 0.0881 \\ 0.0881 & 2.9261 \end{bmatrix}, U_2(31) = \begin{bmatrix} 3.1172 & 0.1984 \\ 0.1984 & 3.0392 \end{bmatrix}$$

$$U_2(33) = \begin{bmatrix} 3.1957 & 0.3873 \\ 0.3873 & 3.2922 \end{bmatrix}$$

为便于仿真,给定初始条件和外部扰动为 $x_1(0) = x_2(0) = \begin{bmatrix} 1 & -1 \end{bmatrix}^T$,
$f_1(x_1, t) = 0.5\sin x_{12}(t)$,$f_2(x_2, t) = 0.5\cos x_{22}(t)$ 以及 $\sigma_i = 0.01$。取自适应
增益 $c_{10} = c_{20} = 0.1$,选取互联项 $r_1(x_2) = x_1^2$,$r_2(x_1) = x_2^2$。在上述参数下,由
图 6.2可知,开环系统是不稳定的。采用 SMC 策略后,闭环系统达到了规定
的稳定性能。仿真结果如图 6.3 ~ 图 6.6 所示。图 6.3 给出了 SMC 作用下
闭环互联系统的状态响应。图 6.4 给出了子系统滑动面函数的响应。图 6.5
给出了估计的自适应参数 $\hat{\beta}_i(t)$。图 6.6 描述了非线性死区输入。此外,为了
说明所提方法的优越性,在相同的控制增益矩阵下,将其与传统的状态反馈
控制器进行比较。结果如图 6.7 所示,从图中可以看出传统的状态反馈控制
器是无效的。

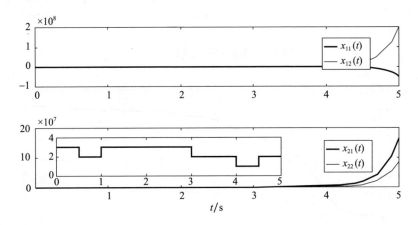

图 6.2　开环系统的状态响应

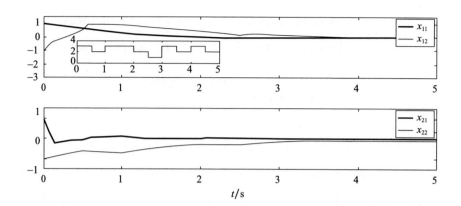

图 6.3　闭环系统的状态响应

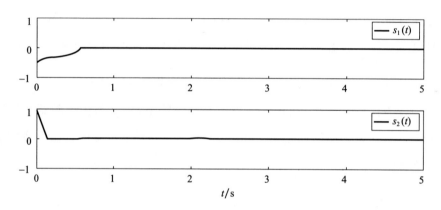

图 6.4　滑模面函数 $\hat{\beta}_i(t), i = 1, 2$

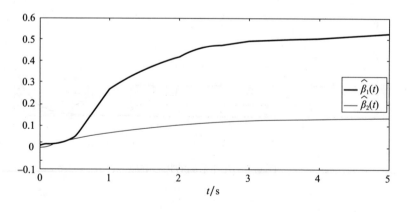

图 6.5　估计值 $\hat{\beta}_i(t), i = 1, 2$

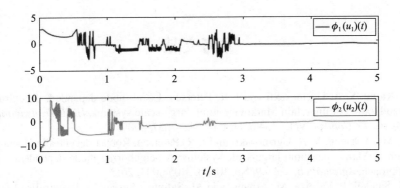

图 6.6　非线性输入 $\phi_i(t)$，$i=1,2$

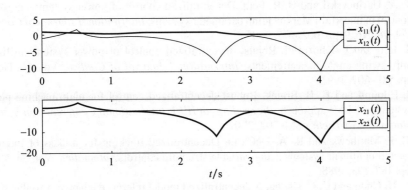

图 6.7　传统状态反馈控制器下闭环系统的状态响应

6.5　结论

本章讨论了输入为死区线性且子系统间相互关系未知的大型半马尔可夫跳变互联系统的分散自适应 SMC 问题。设计了子系统的局部积分滑模面,在此基础上得到了子系统的局部滑模动力学。然后,针对滑模动力学的随机稳定性分析,提出了一种处理一般不确定 TR 的新方法。进一步合成了局部自适应 SMC 律,以保证滑动表面的有限时间可达性,并补偿了输入死区非线性和子系统间未知互联的影响。最后,通过算例验证了该控制方案的有效性。

参考文献

[1] J. Xiong, V. A. Ugrinovskii and I. R. Petersen, Local mode dependent decentralized stabilization of uncertain Markovian jump large-scale systems, *IEEE Transactions on Automatic Control*, Vol. 54, No. 11, pp. 2632–2637, 2009.

[2] S. Ma, J. Xiong, V. A. Ugrinovskii and I. R. Petersen, Robust decentralized stabilization of Markovian jump large-scale systems: A neighboring mode dependent control approach, *Automatica*, Vol. 49, No. 10, pp. 3105–3111, 2013.

[3] N. Sandell, P. Varaiya, M. Athans, and M. Safonov, Survey of decentralized control methods for large scale systems, *IEEE Transactions on Automatic Control*, Vol. 23, No. 2, pp. 108–128, 1978.

[4] V. A. Ugrinovskii and H. R. Pota, Decentralized control of power systems via robust control of uncertain Markov jump parameter systems, *International Journal of Control*, Vol. 78, No. 9, pp. 662–677, 2005.

[5] S. Jain and F. Khorrami, Robust decentralized control of power systems utilizing only swing angle measurements, *International Journal of Control*, Vol. 66, No. 4, pp. 581–602, 1997.

[6] S. Elloumi and E. B. Braiek, Robust decentralized control for multimachine power systems-the LMI approach, *Proceedings of IEEE International Conference on Systems Man and Cybernetics* SMC'02, 2002.

[7] G. P. Matthews and R. A. DeCarlo, Decentralized tracking for a class of interconnected nonlinear systems using variable structure control, *Automatica*, Vol. 24, No. 2, pp. 187–193, 1988.

[8] C. H. Chou and C. C. Cheng, A decentralized model reference adaptive variable structure controller for large-scale time-varying delay systems, *IEEE Transactions on Automatic Control*, Vol. 48, No. 7, pp. 1213–1217, 2003.

[9] L. W. Li and G. H. Yang, Decentralised output feedback control of Markovian jump interconnected systems with unknown interconnections, *International Journal of Systems Science*, Vol. 48, No. 9, pp. 1856–1870, 2017.

[10] K. K. Shyu, W. J. Liu and K. C. Hsu, Design of large-scale timedelayed systems with dead-zone input via variable structure control, *Automatica*, Vol. 41, No. 7, pp. 1239–1246, 2005.

[11] V. Utkin, *Sliding Modes in Control Optimization*, Berlin: Springer-Verlag, 1992.

[12] J. Huang and Y. Shi, Stochastic stability of semi-Markov jump linear systems: An LMI approach, *2011 50th IEEE Conference on Decision and Control and European Control Conference. IEEE*, pp. 4668–4673, 2011.

第7章 半马尔可夫跳变延迟系统的 降阶自适应切换滑模控制

7.1 引言

在过去的几年里,交换系统受到了广泛的关注,因为它不仅描述了系统结构中交换的真实机理,而且在处理复杂系统时,交换控制器比单一控制器更有效。在切换系统[1-2]中,其中一个子系统(连续的或离散的)在根据开关定律沿着状态轨迹切换的瞬间被激活。因此,对开关系统进行了大量的理论和实践研究,其中平均停留时间(average dwell time,ADT)开关策略为选择开关规律提供了一种系统的方法。基于ADT方法,已经报道了许多杰出的工作:例如,文献[3]研究了一类具有ADT切换的开关线性系统的稳定性分析问题。文献[4]提出了一类具有未知函数和任意切换的下三角形式非线性切换系统的跟踪控制问题。详情请参阅参考文献[5-7]。但在现实中,经常存在零件失效、参数漂移等现象;子模型可以用MJS表示。这种被称为切换MJS的系统由一系列线性连续时间或离散时间子系统组成,同时受确定性切换和随机跳变的约束,Bolzern等[8-9]首先提出,其动机是研究易故障模块和网络拥塞模块。到目前为止,对开关型磁导器控制问题的研究很少,如指数$l_2 - l_\infty$稳定性分析、有限时间稳定、无源和钝化[10-12]。近年来,由于S-MJS能较好地反映实际随机系统的行为,引起了控制界的极大兴趣。然而,对于确定性开关和半马尔可夫开关参数同时控制的非线性系统的SMC,上述努力在理论和实际发展方面都还很有限。

在上述讨论的基础上,本章将考虑采用自适应 SMC 方法来镇定具有一般不确定 TR 的非线性开关 S – MJS。自适应律被设计用来处理这些未知的非线性。针对所有子模型设计了模无关的共线性切换面,从而避免了潜在的跳变效应。基于线性切换面得到了低维滑模动力学。然后,由于滑模动力学形式简单,均方指数稳定性(mean – square exponential stability,MSES)分析顺利进行。通过设计自适应 SMC 律,在不要求未知 TR 为时变变量的情况下,保证了开关曲面的有限时间可达性。最后,将该方法应用于 RLC 电路和 DC – DC buck 变换器中,得到了满意的结果。研究的主要问题包括:①提出了一种处理同时具有确定性开关和随机跳变的动力系统的通用方法;②在研究 TR 一般不确定的 S – MJS 时,提供了 TR 矩阵的一般模型和较不保守的数学方法;③提出了处理匹配非线性的降阶滑模方法,使得到的滑模动力学完全不受干扰且降阶;④设计自适应 SMC 律,保证预定滑动面有限时间可达,同时消除系统干扰。

7.2 系统描述

我们考虑切换半马尔可夫跳变时滞系统的形式:

$$
\begin{cases}
\dot{x}(t) = A(g_t, r_t)x(t) + A_d(g_t, r_t)x(t-d) + B(g_t, r_t)[u(t) + f(x(t), x(t-d), t)] \\
x(t+\theta) = \varphi(\theta), \forall \theta \in [-d, 0]
\end{cases}
$$

$$(7.1)$$

其中,$x(t) \in \mathbb{R}^n$ 为系统状态;$u(t) \in \mathbb{R}^p$ 为控制输入;$\varphi(\theta)$ 为可容许的初始条;$A(g_t, r_t)$,$A_d(g_t, r_t)$ 以及 $B(g_t, r_t)$ 为系统实矩阵,特别地,$B(g_t, r_t)$ 被认为是满列秩的;d 是系统常数时滞;$f(x(t), x(t-d), t)$ 是受下式约束的系统非线性扰动

$$
\|f(x(t), x(t-d), t)\| \leq l_1 \|x(t)\| + l_2 \|x(t-d)\|
$$

其中,l_1 和 l_2 是未知的实标量。在后文中,g_t 和 r_t 的每个值将分别用 α 和 i 表示,$A(g_t, r_t)$ 用 $A_{\alpha,i}$ 等表示。

注7.1

线性系统在过去的几十年里得到了广泛的研究,但由于系统内部结构的复杂性和外界干扰,它们往往表现出非线性的性质。线性化或 Lipschitz 条件约束等方法是处理这类系统最常用的方法。在本文中,非线性项 $f(x(t),x(t-d),t)$,通过增益常数 l_1 和 l_2 线性化,但它们的值未知,因此我们将在下面综合自适应律来跟踪它们,这比设置实践中已知的 l_1 和 l_2 的值更合理。

这里, g_t 是取集合 $S_1 = \{1,2,\cdots,N_1\}$ 中的值的确定性切换; r_t 为半马尔可夫切换,取值于集合 $S_2 = \{1,2,\cdots,N_2\}$,服从概率转移:

$$\Pr\{r_{i+h}=j \mid r_i=i,g_s=\alpha\} = \begin{cases} \pi_{ij}^\alpha(h)h+o(h), & i\neq j \\ 1+\pi_{ii}^\alpha(h)h+o(h), & i=j \end{cases} \tag{7.2}$$

其中, $h>0$ 且 $\lim_{h\to 0}o(h)/h=0$; $\pi_{ij}^\alpha(h)>0(i\neq j)$ 是 t 时刻从模态 i 到 $t+h$ 时刻从模态 j 的 TR,且对于任意 $i\in S_2$,有 $\pi_{ii}^\alpha(h) = -\sum_{j\neq i}\pi_{ij}^\alpha(h) < 0$ 。

同时,考虑到 $\pi_{ij}^\alpha(h)$ 是跳变过程中的不确定变量,在下文中不易直接处理。因此,在下文中, $\pi_{ij}^\alpha(h)$ 的存在性满足两种情况:一种是 $\pi_{ij}^\alpha(h)$ 是完全未知的;另一种是 $\pi_{ij}^\alpha(h)$ 不完全已知,但上下界已知:例如 $\pi_{ij}^\alpha(h) \in [\underline{\pi}_{ij}^\alpha, \overline{\pi}_{ij}^\alpha]$,其中 $\underline{\pi}_{ij}^\alpha$ 和 $\overline{\pi}_{ij}^\alpha$ 为已知的实常数,分别为 $\pi_{ij}^\alpha(h)$ 的下界和上界。鉴于此,我们进一步记 $\pi_{ij}^\alpha(h) \triangleq \pi_{ij}^\alpha + \Delta\pi_{ij}^\alpha(h)$,其中 $\pi_{ij}^\alpha = \frac{1}{2}(\underline{\pi}_{ij}^\alpha + \overline{\pi}_{ij}^\alpha)$ 和 $|\Delta\pi_{ij}^\alpha(h)| \leqslant \lambda_{ij}^\alpha$ 且 $\lambda_{ij}^a = \frac{1}{2}(\overline{\pi}_{ij}^\alpha - \underline{\pi}_{ij}^\alpha)$ 。因此, $N_2=3$ 的 TR 矩阵可以描述为

$$\prod{}^\alpha = \begin{bmatrix} \pi_{11}^\alpha + \Delta\pi_{11}^\alpha(h) & \nabla_{12}^\alpha & \pi_{13}^\alpha + \Delta\pi_{13}^\alpha(h) \\ \nabla_{21}^\alpha & \nabla_{22}^\alpha & \pi_{23}^\alpha + \Delta\pi_{23}^\alpha(h) \\ \nabla_{31}^\alpha & \pi_{32}^\alpha + \Delta\pi_{32}^\alpha(h) & \nabla_{33}^\alpha \end{bmatrix} \tag{7.3}$$

其中, ∇_{ij}^α 是对未知 TR 的描述。为简洁起见,对于 $\forall \alpha \in S_1, i \in S_2$,令 $I_i^\alpha = I_{i,k}^\alpha \cup I_{i,uk}^\alpha$,其中

$$I_{i,k}^\alpha \triangleq \{j: \text{对于} j\in S_2, \text{可定义} \pi_{ij}^\alpha\}$$

$$I_{i,uk}^{\alpha} \triangleq \{j : 对于 j \in S_2, \pi_{ij}^{\alpha} 未知\}$$

这里,假设 $I_{i,k}^{\alpha} \neq \varnothing$ 和 $I_{i,uk}^{\alpha} \neq \varnothing$。因此,我们可以表示如下的集合:

$$I_{i,k}^{\alpha} \triangleq \{k_{i,1}^{\alpha}, k_{i,2}^{\alpha}, \cdots, k_{i,m}^{\alpha}\} 1 \leqslant m < N_2$$

其中,$k_{i,s}^{\alpha}(s \in \{1,2,\cdots,m\})$ 表示第 i 行第 s 个 $\prod^{\alpha}$ 的指数。

首先,我们将系统(7.1)转化为正则形式。由于 $B_{\alpha,i}$ 具有满列秩,因此假设

$B_{\alpha,i} \triangleq \begin{bmatrix} B_{1\alpha,i} \\ B_{2\alpha,i} \end{bmatrix}$, $B_{1\alpha,} \in \mathcal{R}^{(n-m) \times m}$ 和 $B_{2\alpha,i} \in \mathcal{R}^{m \times m}$ 为满列秩。通过变换,有 $z(t) = T_{\alpha,i}^{-1} x(t)$,

$T_{\alpha,i}^{-1} = \begin{bmatrix} I_{n-m} & -B_{1\alpha,i} B_{2\alpha,i}^{-1} \\ 0 & I_m \end{bmatrix}$。系统(7.1)等价于下列形式:

$$\dot{z}(t) = \bar{A}_{\alpha,i} z(t) + \bar{A}_{d\alpha,i} z(t-d) + \begin{bmatrix} 0 \\ B_{2\alpha,i} \end{bmatrix} (u(t) + f(T_{\alpha,i} z(t), T_{\alpha,j} z(t-d), t)$$

$$(7.4)$$

其中,$\bar{A}_{\alpha,i} = T_{\alpha,i}^{-1} A_{\alpha,i} T_{\alpha,i}$,$\bar{A}_{d\alpha,i} = T_{\alpha,j}^{-1} A_{d\alpha,i} T_{\alpha,i}$。

进一步,令 $z(t) = [z_1^{\mathrm{T}}(t) z_2^{\mathrm{T}}(t)]^{\mathrm{T}}$,其中 $z_1(t) \in \mathcal{R}^{n-m}$,$z_2(t) \in \mathcal{R}^m$。记

$$\bar{A}_{\alpha,i} = \begin{bmatrix} A_{11i}^{\alpha} & A_{12i}^{\alpha} \\ A_{21i}^{\alpha} & A_{22i}^{\alpha} \end{bmatrix}, \bar{A}_{d\alpha,i} = \begin{bmatrix} A_{d11i}^{\alpha} & A_{s12i}^{\alpha} \\ A_{d21i}^{\alpha} & A_{d22i}^{\alpha} \end{bmatrix}$$

然后,将系统(7.4)分解为

$$\begin{cases} \dot{z}_1(t) = A_{11i}^{\alpha} z_1(t) + A_{12i}^{\alpha} z_2(t) + A_{d11i}^{\alpha} z_1(t-d) + A_{d12i}^{\alpha} z_2(t-d) \\ \dot{z}_2(t) = A_{21iz_1}^{\alpha}(t) + A_{22i}^{\alpha} z_2(t) + A_{d21i}^{\alpha} z_1(t-d) + A_{d22i}^{\alpha} z_2(t-d) \\ \quad + B_{2\alpha,i}^{\alpha}(u(t) + f(T_{\alpha,i} z(t), T_{\alpha,i} z(t-d), t) \end{cases} \quad (7.5)$$

定义 7.1[13]

考虑 g_t 具有 $N_0 > 0$ 的平均停留时间 T_a,则 $N_g(t_0, t)$ 为区间 (t_0, t) 中的切换数量 g_t,且对于任意 $t \geqslant t_0 \geqslant 0$,满足 $N_g(t_0, t) \leqslant N_0 + \dfrac{t - t_0}{T_a}$。

其中,N_0 为一个界限。

144

7.3　主要结果

7.3.1　SMC 律设计

在这一小节中,线性切换面函数被构造为

$$s(t) = -C_a z_1(t) + z_2(t) \qquad (7.6)$$

其中, $C_\alpha(\alpha \in \mathcal{S}_1)$ 是提前设计的参数。

根据 VSC 理论[14],当达到切换面时, $s(t) = 0$ 成立。因此,有 $z_2(t) = C_\alpha z_1(t)$,结合系统(7.5)得到如下降阶滑模动力学方程:

$$\dot{z}_1(t) = A_{z,i}^a z_1(t) + A_{dz,i}^a z_1(t-d) \qquad (7.7)$$

其中, $A_{z,i}^\alpha \triangleq A_{11i}^\alpha + A_{12i}^\alpha C_\alpha$, $A_{dz,i}^\alpha \triangleq A_{d1ii}^\alpha + A_{d12i}^\alpha C_\alpha$。这里,选择 C_α 使得 $A_{z,i}^\alpha$ 为 Hurwitz 矩阵。

注 7.2

采用等效控制方法,得到了线性降阶滑模动力学方程(7.7),充分体现了 SMC 的优点:将非线性开关 S–MJS(7.1)的稳定性分析转化为低维线性滑模动力学(7.7)的分析,排除了干扰。

定义 7.2[15]

动力学方程(7.7)在初始条件 $\phi(t)$ 和初始 $g_0 \in \mathcal{S}_1$ 、 $r_0 \in \mathcal{S}_2$ 下是均方指数稳定的,如果对于给定的标量 $a > 0$ 和 $b > 0$,则对于任意 $t \geq 0$,有

$$E\{ \| z_1(t, \phi(t_0), g_0, r_0) \|^2 \} \leq a E\{ \sup - d \leq t \leq 0 \ \| \phi(t) \|^2 \} e^{-b(t-t_0)}$$

7.3.2　均方指数稳定性分析

下面的定理以线性矩阵不等式(LMI)的形式给出了系统(7.7)基于一般不确定 TR 的 MSES 的可行条件。

定理 7.1

对于确定的标量 $\mu > 1$ 和 $\lambda > 0$，若存在适当维数的矩阵 $P_{\alpha,i} > 0, Q_{\alpha,i} > 0$，$Q_\alpha > 0, Z_\alpha > 0, V_{ij}^\alpha > 0, W_{ij}^\alpha > 0, T_{ij}^\alpha > 0, U_{ij}^\alpha > 0$ 以及 $M_{\alpha,i}$ 时，满足条件 $\alpha \in S_1, i \in S_2$，则 TR 不确定的滑模动态 (7.7) 是稳定的。

若 $i \in I_{i,k}^\alpha$, $\forall l \in I_{i,uk}^\alpha, I_{i,k}^\alpha \triangleq \{ k_{i,1}^\alpha, k_{i,2}^\alpha, \cdots, k_{i,m1}^\alpha \}$，

$$\begin{bmatrix} \mathcal{A}_{\alpha,i}^{11} & P_{\alpha,i}A_{dz,i}^\alpha - M_{\alpha,i} & -M_{\alpha,i} & (A_{z,i}^\alpha)^{\mathrm{T}}Z_\alpha & \mathcal{A}_{\alpha,i}^{13} \\ * & -\mathrm{e}^{-\lambda d}Q_{\alpha,i} & 0 & (A_{dz,i}^\alpha)^{\mathrm{T}}Z_\alpha & 0 \\ * & * & -\dfrac{\mathrm{e}^{-\lambda d}}{d}Z_\alpha & 0 & 0 \\ * & * & * & -d^{-1}Z_\alpha & 0 \\ * & * & * & * & \mathcal{A}_{\alpha,i}^{14} \end{bmatrix} < 0 \qquad (7.8)$$

$$\begin{bmatrix} Q_{\alpha,i}^1 & Q_{\alpha,k_{i,1}^\alpha} - Q_{\alpha,l} & \cdots & Q_{a,k_{i,m}^\alpha} - Q_{\alpha,l} \\ * & -T_{ik_{i,1}^\alpha}^\alpha & \cdots & 0 \\ \vdots & \vdots & \ddots & \vdots \\ * & * & * & -T_{ik_{i,ml}^\alpha}^\alpha \end{bmatrix} \leqslant 0 \qquad (7.9)$$

若 $i \in I_{i,uk}^\alpha$, $\forall l \in I_{i,uk}^\alpha, l \neq i, I_{i,k}^\alpha \triangleq \{ k_{i,1}^\alpha, k_{i,2}^\alpha, \cdots, k_{i,m2}^\alpha \}$，

$$P_{\alpha,i} - P_{\alpha,l} \geqslant 0 \qquad (7.10)$$

$$Q_{\alpha,i} - Q_{a,l} \geqslant 0 \qquad (7.11)$$

$$\begin{bmatrix} \mathcal{A}_{\alpha,i}^{21} & P_{\alpha,i}A_{dz,i}^\alpha - M_{\alpha,i} & -M_{\alpha,i} & (A_{z,i}^\alpha)^{\mathrm{T}}Z_\alpha & \mathcal{A}_{\alpha,i}^{23} \\ * & -\mathrm{e}^{-\lambda d}Q_{\alpha,i} & 0 & (A_{dz,i}^\alpha)^{\mathrm{T}}Z_\alpha & 0 \\ * & * & -\dfrac{\mathrm{e}^{-\lambda d}}{d}Z_\alpha & 0 & 0 \\ * & * & * & -d^{-1}Z_\alpha & 0 \\ * & * & * & * & \mathcal{A}_{\alpha,i}^{24} \end{bmatrix} < 0 \qquad (7.12)$$

$$\begin{bmatrix} Q_{\alpha,i}^2 & Q_{\alpha,k_{i,1}^\alpha} - Q_{\alpha,l} & \cdots & Q_{a,k_{i,m}^\alpha} - Q_{a,l} \\ * & -U_{ik_{i,1}^\alpha}^\alpha & \cdots & 0 \\ \vdots & \vdots & \ddots & \vdots \\ * & * & * & -U_{ik_{i,m2}^\alpha}^\alpha \end{bmatrix} \leq 0 \qquad (7.13)$$

且

$$P_{\alpha,i} \leq \mu P_{\beta,j}, Q_{\alpha,i} \leq \mu Q_{\beta,j}, Q_\alpha \leq \mu Q_\beta$$
$$Z_\alpha \leq \mu Z_\beta, \forall \alpha, \beta \in S_1, i, j \in S_2, \alpha \neq \beta \qquad (7.14)$$

平均停留时间 T_a 设置为

$$T_a > T_a^* = \frac{\ln\mu}{\lambda} \qquad (7.15)$$

其中

$$A_{\alpha,i}^{11} = P_{\alpha,j} A_{z,i}^\alpha + (A_{z,i}^\alpha)^{\mathrm{T}} P_{\alpha,i} + M_{\alpha,i} + M_{\alpha,i}^{\mathrm{T}} + Q_{\alpha,i} + \mathrm{d}Q_\alpha + \lambda P_{\alpha,i}$$
$$+ \sum_{j \in I_{i,k}^\alpha} \left[\frac{(\lambda_{ij}^\alpha)^2}{4} W_{ij}^\alpha + \pi_{ij}^\alpha (P_{\alpha,j} - P_{\alpha,l}) \right]$$

$$\mathcal{A}_{\sigma,i}^{13} = \left[(P_{\alpha,k_{i,1}^a} - P_{\alpha,l}) \cdots (P_{\alpha,k_{i,m1}^a} - P_{\alpha,l}) \right]$$

$$\mathcal{A}_{\alpha,i}^{14} = \left[-W_{ik_{i,1}^\alpha}^\alpha \cdots -W_{ik_{i,m1}^\alpha}^\alpha \right]$$

$$Q_{\alpha,i}^1 = \sum_{j \in I_{i,k}^\alpha} \left[\frac{(\lambda_{ij}^\alpha)^2}{4} T_{i,j}^\alpha + \pi_{ij}^\alpha (Q_{\alpha,j} - Q_{\alpha,l}) \right] - Q_\alpha$$

$$\mathcal{A}_{\alpha,i}^{21} = P_{\alpha,j} A_{z,i}^\alpha + (A_{z,i}^\alpha)^{\mathrm{T}} P_{\alpha,i} + M_{\alpha,i} + M_{\alpha,i}^{\mathrm{T}} + Q_{\alpha,i} + \mathrm{d}Q_\alpha + \lambda P_{\alpha,i}$$
$$+ \sum_{j \in I_{i,k}^\alpha} \left[\frac{(\lambda_{ij}^\alpha)^2}{4} V_{ij}^\alpha + \pi_{ij}^\alpha (P_{\alpha,j} - P_{\alpha,l}) \right]$$

$$\mathcal{A}_{\alpha,i}^{23} = \left[(P_{\alpha,k_{i,1}^a} - P_{\alpha,l}) \cdots (P_{\alpha,k_{i,m2}^a} - P_{\alpha,l}) \right]$$

$$\mathcal{A}_{\alpha,i}^{24} = \left[-V_{ik_{i,1}^\alpha}^\alpha \cdots -V_{ik_{i,m2}^\alpha}^\alpha \right]$$

$$Q_{a,i}^2 = \sum_{j = I_{i,k}^\alpha} \left[\frac{(\lambda_{ij}^\alpha)^2}{4} U_{i,j}^\alpha + \pi_{ij}^\alpha (Q_{\alpha,j} - Q_{\alpha,l}) \right] - Q_\alpha$$

147

证明:选取如下的李雅普诺夫函数

$$V(z_1(t),g_r,r_t) = \sum_{h=1}^{3} V_h(z_1(t),g_t,r_t) \tag{7.16}$$

其中

$$V_1(z_1(t),g_t,r_t) = z_1^{\mathrm{T}}(t)P(g_t,r_t)z_1(t)$$

$$V_2(z_1(t),g_t,r_t) = \int_{t-d}^{t} e^{\lambda(\mu-t)} z_1^{\mathrm{T}}(\mu)Q(g_t,r_t)z_1(\mu)\,\mathrm{d}\mu$$

$$V_3(z_1(t),g_t,r_t) = \int_{-d}^{0}\int_{t+\theta}^{t} e^{\lambda(\mu-t)} z_1^{\mathrm{T}}(\mu)Q(g_t)z_1(\mu)\,\mathrm{d}\mu\mathrm{d}\theta$$

$$+ \int_{-d}^{0}\int_{t+\theta}^{t} e^{\lambda(\mu-t)} \dot{z}_1^{\mathrm{T}}(\mu)Z(g_t)\dot{z}_1(\mu)\,\mathrm{d}\mu\mathrm{d}\theta$$

设 $\mathcal{L}$ 为无穷小的生成元;然后根据文献[16],有

$$\mathcal{L}V_1(z_1(t),\alpha,r_1) = \lim_{\delta\to0}\frac{\mathrm{E}[V_1(t+\delta,\alpha,r_{1+\delta})\mid x(t),\alpha,r_1] - V_1(z_1(t),\alpha,r_1)}{\delta}$$

$$= \lim_{\delta\to0}\frac{1}{\delta}\Big[\sum_{j=1,j\neq i}^{s}\Pr\{r_{t+\delta}=j\mid\alpha,r_t=i\}z_\delta^{\mathrm{T}}P_{\alpha,j}z_\delta +$$

$$\Pr\{r_{t+\delta}-j\mid\alpha,r_t-i\}z_\delta^{\mathrm{T}}P_{\alpha,i}z_\delta - z_1^{\mathrm{T}}(t)P_{\alpha,i}z_1(t)\Big]$$

$$\tag{7.17}$$

其中,$z_\delta \triangleq z_1(t+\delta)$。根据一般分布与在无记忆模式下的停留时间相结合的条件概率公式,有

$$\mathcal{L}V_1(z_1(t),\alpha,r_i) = \lim_{\delta\to0}\frac{1}{\Delta}\Big[\sum_{j=1,j\neq i}\frac{q_{ij}^\alpha(G_i^\alpha(h+\delta)-G_i^\alpha(t))}{1-G_i^\alpha(h)}z_\delta^{\mathrm{T}}P_{\alpha,j}z_\delta$$

$$+ \frac{1-G_i^\alpha(h+\delta)}{1-G_i^\alpha(h)}z_\delta^{\mathrm{T}}P_{\alpha,i}z_\delta - z_1^{\mathrm{T}}(t)P_{\alpha,i}z_1(t)\Big]$$

$$= \lim_{\delta\to0}\frac{1}{\delta}\Big[\sum_{j=1,j\neq i}^{s}\frac{q_j^\alpha(G_i^\alpha(h+\delta)-G_i^\alpha(h))}{1-G_i^\alpha(h)}z_\delta^{\mathrm{T}}P_{\alpha,j}z_\delta$$

$$+ \frac{1-G_i^\alpha(h+\delta)}{1-G_i^\alpha(h)}[z_\delta^{\mathrm{T}}-z_1^{\mathrm{T}}(t)]P_{\alpha,i\delta}z_\delta$$

$$+ \frac{1 - G_i^\alpha(h+\delta)}{1 - G_i^\alpha(h)} z_1^T(t) P_{\alpha,i}^T [z_\delta - z_1(t)]$$

$$- \frac{G_i^\alpha(h+\delta) - G_i^\alpha(h)}{1 - G_i^\alpha(h)} z_1^T(t) P_{\alpha,i} z_1(t) \Big] \quad (7.18)$$

式中: q_{ij}^α 和 $G_i^\alpha(h)$ 分别为持有期的概率强度和累积分布函数。此外,

$$\lim_{\delta \to 0} \frac{(G_i^\alpha(h+\delta) - G_i^\alpha(h))}{(1 - G_i^\alpha(h))\delta} = \pi_i^\alpha(h), \lim_{\delta \to 0} \frac{1 - G_i^\alpha(h+\delta)}{1 - G_i^\alpha(h)} = 1$$

其中, $\pi_i^\alpha(h)$ 表示从模式 i 出发的一步 TR。所以

$$\mathcal{L}V_1(z_1(t), \alpha, r_i) = z_1^T(t) \sum_{j \neq i} q_{ij}^\alpha \pi_i^\alpha(h) P_{\alpha,j} z_1(t) + 2z_1^T(t) P_{\alpha,i} z_1(t)$$

$$- \pi_i^\alpha(h) z_1^T(t) P_{\alpha,i} z_1(t)$$

$$(7.19)$$

现在,正如文献[16],对于 $j \neq i$ 和 $\pi_{ii}^\alpha(h) = -\sum_{j \neq i} \pi_{ij}^\alpha(h)$,定义 $\pi_{ij}^\alpha(h) \triangleq q_{ij}\pi_i^\alpha(h)$。

进一步得到

$$\mathcal{L}V_1(z_1(t), u, i) = z_1^T(t) \Big[(A_{z,i}^\alpha)^T P_{\alpha,i} + P_{\alpha,i}^T A_{z,i}^\alpha + \sum_{j=1}^{N_2} \pi_{ij}^\alpha(h) P_{\alpha,j} \Big] z_1(t)$$

$$+ 2z_1^T(t) P_{\alpha,i} A_{dz,i}^\alpha z_1(t-d)$$

$$(7.20)$$

相应地,

$$\mathcal{L}V_2(z_1(t), \alpha, r_t) = \lim_{\delta \to 0} \frac{1}{\delta} \Big[\sum_{j=1, j \neq i}^{x} \frac{q_{ij}^\alpha (G_i^\alpha(h+\delta) - G_i^\alpha(h))}{1 - G_i^\alpha(h)}$$

$$\int_{t+\delta-d}^{t+\delta} e^{\lambda(\mu - i - \delta)} z_1^T(\mu) Q_{\alpha,j} z_1(\mu) d\mu$$

$$+ \frac{1 - G_i^\alpha(h+\delta)}{1 - G_i^\alpha(h)} \int_{t+\delta-d}^{t+\delta} (e^{\lambda(s-t-\delta)} - e^{\lambda(\mu-t)}) z_1^T(\mu) Q_{\alpha,i} z_1(\mu) d\mu$$

$$+ \frac{1 - G_i^\alpha(h+\delta)}{1 - G_i^\alpha(h)} \Big(\int_{t+\delta-d}^{t+\delta} e^{\lambda(\mu-t)} z_1^T(\mu) Q_{\alpha,i} z_1(\mu) d\mu$$

$$- \int_{t-d}^{t} e^{\lambda(\mu-1)} z_1^{\mathrm{T}}(\mu) Q_{\alpha,i} z_1(\mu) \, \mathrm{d}\mu$$

$$- \frac{G_i^{\alpha}(h+\delta) - G_i^{\alpha}(h)}{1 - G_i^{\alpha}(h)} \int_{t-d}^{t} e^{\lambda(\mu-t)} z_1^{\mathrm{T}}(\mu) Q_{\alpha,i} z_1(\mu) \, \mathrm{d}\mu \Bigg]$$

类似于 $\mathcal{L}V_1(z_1(t), \alpha, r_t)$ 的导数,有

$$\mathcal{L}V_2(z_1(t), \alpha, i) = z_1^{\mathrm{T}}(t) Q_{\alpha,i} z_1(t) + \sum_{j=1}^{N_2} \pi_{ij}^{\alpha}(h) \int_{t-d}^{t} e^{\lambda(\mu-t)} z_1^{\mathrm{T}}(\mu) Q_{\alpha,j} z_1(\mu) \, \mathrm{d}\mu$$

$$- e^{-\lambda d} z_1^{\mathrm{T}}(t-d) Q_{\alpha,i} z_1(t-d) - \lambda V_2(z_1(t), \alpha, i)$$

$$(7.21)$$

总的来说,有

$$\mathcal{L}V(z_1(t), \alpha, i) = z_1^{\mathrm{T}}(t) \Bigg[P_{\alpha,i} A_{z,i}^{\alpha} + (A_{z,i}^{\alpha})^{\mathrm{T}} P_{\alpha,i} + Q_{\alpha,i} + d Q_{\alpha} + \sum_{j=1}^{N_2} \pi_{ij}^{\alpha}(h) P_{\alpha,j}$$

$$+ \lambda P_{\alpha,i} \Bigg] z_1(t) + 2 z_1^{\mathrm{T}}(t) P_{\alpha,i} A_{\alpha z,i}^{\alpha} z_1(t-d)$$

$$- e^{-\lambda d} z_1^{\mathrm{T}}(t-d) Q_{\alpha,i} z_1(t-d) - \lambda V(z_1(t), \alpha, i)$$

$$+ \int_{t-d}^{t} e^{\lambda(\mu-1)} z_1^{\mathrm{T}}(\mu) \Bigg[\sum_{j=1}^{N_2} \pi_{ij}^{\alpha}(h) Q_{\alpha,j} - Q_{\alpha} \Bigg] z_1(\mu) \, \mathrm{d}\mu$$

$$- \int_{t-d}^{t} e^{\lambda(\mu-t)} \dot{z}_1^{\mathrm{T}}(\mu) Z_{\alpha} \dot{z}_1(\mu) \, \mathrm{d}\mu + d \dot{z}_1^{\mathrm{T}}(t) Z_{\alpha} \dot{z}_1(t)$$

$$(7.22)$$

式中: $\sum_{j=1}^{N_2} \pi_{ij}^{\alpha}(h) Q_{\alpha,j} - Q_{\alpha} \leqslant 0$ 。进一步得到

$$- \int_{t-d}^{t} e^{\lambda(\mu-t)} \dot{z}_1^{\mathrm{T}}(\mu) Z_{\alpha} \dot{z}_1(\mu) \, \mathrm{d}\mu \leqslant - \frac{e^{-\lambda d}}{d} \Bigg\{ \int_{t-d}^{t} \dot{z}_1(\mu) \, \mathrm{d}\mu \Bigg\}^{\mathrm{T}} Z_{\alpha} \Bigg\{ \int_{t-d}^{t} \dot{z}_1(\mu) \, \mathrm{d}\mu \Bigg\}$$

$$(7.23)$$

根据牛顿 – 莱布尼兹公式,对于给定的自由权矩阵 $M_{\alpha,i}$,有

$$2z_1^{\mathrm{T}}(t)M_{\alpha,i}\Big[z_1(t) - z_1(t-d) - \int_{t-d}^{t}\dot{z}_1(\mu)\,\mathrm{d}\mu\Big] = 0 \tag{7.24}$$

结合式(7.20)~式(7.24),得到

$$\mathcal{L}V(z_1(t),\alpha,i) + \lambda V(z_1(t),\alpha,i) \leqslant \eta^{\mathrm{T}}(t)$$

$$\Big(\varGamma_i^{\alpha} + \mathrm{diag}\Big\{\sum_{j=1}^{N_2}\pi_{ij}^{\alpha}(h)P_{\alpha,j},0,0\Big\}\Big)\eta(t) \tag{7.25}$$

其中

$$\eta(t) = \Big[z_1^{\mathrm{T}}(t)\,z_1^{\mathrm{T}}(t-d)\,\Big(\int_{t-d}^{t}\dot{z}_1(\mu)\,\mathrm{d}\mu\Big)^{\mathrm{T}}\Big]^{\mathrm{T}}$$

$$\varGamma_i^{\alpha} = \begin{bmatrix} \varGamma_{1i}^{\alpha} & P_{\alpha,i}^{\mathrm{T}}A_{d\alpha,i} - M_{\alpha,i} & -M_{\alpha,i} \\ * & -\mathrm{e}^{-\lambda d}Q_{\alpha,i} & 0 \\ * & * & -\dfrac{\mathrm{e}^{-\lambda d}}{d}Z_{\alpha} \end{bmatrix} + \begin{bmatrix} (A_{z,i}^{\alpha})^{\mathrm{T}}Z_{\alpha} \\ (A_{\alpha,i}^{\alpha})^{\mathrm{T}}Z_{\alpha} \\ 0 \end{bmatrix} dZ_{\alpha}^{-1}\begin{bmatrix} (A_{z,i}^{\alpha})^{\mathrm{T}}Z_{\alpha} \\ (A_{dz,i}^{\alpha})^{\mathrm{T}}Z_{\alpha} \\ 0 \end{bmatrix}^{\mathrm{T}}$$

且 $\varGamma_{1i}^{\alpha} = (A_{z,i}^{\alpha})^{\mathrm{T}}P_{\alpha,i} + P_{\alpha,i}A_{z,i}^{\alpha} + M_{\alpha,i} + M_{\alpha,i}^{\mathrm{T}} + Q_{\alpha,i} + \mathrm{d}Q_{\alpha} + \lambda P_{\alpha,i}$。

因此,若 $\hat{\varGamma}_i^{\alpha} \triangleq \varGamma_i^{\alpha} + \mathrm{diag}\Big\{\sum_{j=1}^{N_2}\pi_{ij}^{\alpha}(h)P_{\alpha,j},0,0\Big\} < 0$,则根据式(7.25),得到

$$\mathcal{L}V(z_1(t),\alpha,i) + \lambda V(z_1(t),\alpha,i) < 0 \tag{7.26}$$

将式(7.26)乘以 $\mathrm{e}^{\lambda t}$,然后在区间 $t \in [t_k,t_{k+1}]$ 收益率之间对式(7.26)两边积分,得到

$$\mathrm{E}\{V(z_1(t),r(t),g(t))] \leqslant \mathrm{e}^{-2(t-t_k)}\mathrm{E}\{V(z_1(t_k),r(t),g(t))\} \tag{7.27}$$

结合式(7.14)和式(7.16),我们知道如下不等式在切换时刻 t_k 成立,

$$\mathrm{E}\{V(z_1(t),r(t),g(t))\} \leqslant \mu\mathrm{E}\{V(z_1(t_k^-),r(t),g(t))\} \tag{7.28}$$

因此,由式(7.27)、式(7.28)和 $k = N_g(t_0,t) \leqslant (t-t_0)/T_{\alpha}$ 可得

$$\mathrm{E}[V(z_1(t),r(t),g(t))] \leqslant \mu\mathrm{e}^{-\lambda(1-t_k)}\mathrm{E}[V(z_1(t_k^-),r(t),g(t))]$$

$$\leqslant \mu^2\mathrm{e}^{-\lambda(t-t_k)}\mathrm{E}\{V(z_1(t_{k-1}),r(t),g(t))\}$$

$$\leqslant \cdots \leqslant \mu^k\mathrm{e}^{-\lambda(t-t_k)}V(z_1(t_0),r_0,g_0)$$

$$\leqslant \mathrm{e}^{-(\lambda - \frac{\ln\mu}{T_a})(t-b_0)}V(z_1(t_0),r_0,g_0)$$

$$\tag{7.29}$$

回顾式(7.16),存在一个标量 ϵ_1 满足 $0 < \epsilon_1 \leqslant \min\limits_{\alpha \in S_1, i \in S_2}(\lambda_{\min}(P_{\alpha,i}))$,使得

$$V(z_1(t), r(t), g(t)) \geqslant \epsilon_1 \parallel z_1(t) \parallel^2 \qquad (7.30)$$

进一步,记 $\epsilon_2 = \max\limits_{\alpha \in S_1, i \in S_2}(\lambda_{\max}(P_{\alpha,j})), \epsilon_3 = \max\limits_{\alpha \in S_1, i \in S_2}(\lambda_{\max}(Q_{\alpha,j})), \epsilon_4 = \max\limits_{\alpha \in S_1}(\lambda_{\max}(Q_{\alpha})),$

$\epsilon_s = \max\limits_{\alpha \in S_1}(\lambda_{\max}(Z_{\alpha}))$,得到

$$V(z_1(0), t_0, r_0, g_0) \leqslant \epsilon_2 \parallel z_1(t_0) \parallel^2 + \epsilon_3 \int_{t_0-d}^{t_0} e^{\lambda(\mu-t_0)} \parallel z_1(\mu) \parallel^2 \mathrm{d}\mu$$

$$+ \epsilon_4 \int_{-d}^{0} \int_{t_0+\theta}^{t_0} e^{\lambda(\mu-t_0)}(\epsilon_4 \parallel z_1(\mu) \parallel^2 + \epsilon_5 \parallel \dot{z}_1(\mu) \parallel^2)\mathrm{d}\mu\mathrm{d}\theta$$

$$(7.31)$$

结合式(7.29)~式(7.31)得到 $\parallel z_1(t) \parallel^2 \leqslant a e^{-b(1-t_0)} \parallel z_1(t_0) \parallel^2$,其中 $a = $

$$\dfrac{\epsilon_2 + \dfrac{\epsilon_3}{\lambda}(1 - e^{-\lambda d}) + (\epsilon_4 + \epsilon_5)\dfrac{1}{\lambda^2}[\lambda d - 1 + e^{-\lambda d}]}{\epsilon_1}, b = \lambda - \dfrac{\ln\mu}{T_a}$$,即根据定义7.2,证

明了滑动模态动力学模型(7.7)的 MSES。由于本章考虑的是一般不确定的 TR,因此需要考虑以下两种情况:

情形 I:$i \in I_{i,k}^{\alpha}$。

首先,令 $\lambda_{i,k}^{\alpha} \triangleq \sum\limits_{j \in I_{i,k}^{\alpha}} \pi_{ij}^{\alpha}(h)$。由于 $I_{i,\mu k}^{\alpha} \neq \varnothing$,则 $\lambda_{i,k}^{\alpha} < 0$ 成立。注意到 $\sum\limits_{j=1}^{N_2} \pi_{ij}^{\alpha}(h)P_{\alpha,j}$ 可表示为

$$\sum_{j=1}^{N_2} \pi_{ij}^{\alpha}(h)P_{\alpha,j} = \left(\sum_{j \in I_{i,k}^{\alpha}} + \sum_{j \in I_{i,uk}^{\alpha}}\right)\pi_{ij}^{\alpha}(h)P_{\alpha,j}$$

$$= \sum_{j \in I_{i,k}^{\alpha}} \pi_{ij}^{\alpha}(h)P_{\alpha,j} - \lambda_{i,k}^{\alpha} \sum_{j \in I_{i,uk}^{\mu}} \dfrac{\pi_{ij}^{\alpha}(h)}{-\lambda_{i,k}^{\alpha}}P_{\alpha,j}$$

$$(7.32)$$

显然,$0 \leqslant \pi_{ij}^{\alpha}(h)/-\lambda_{i,k}^{\alpha} \leqslant 1 (j \in I_{i,uk}^{\alpha})$ 和 $\sum\limits_{j \in I_{i,uk}^{\alpha}} \dfrac{\pi_{ij}^{\alpha}(h)}{-\lambda_{i,k}^{\alpha}} = 1$。因此,对于 $\forall l \in I_{i,uk}^{\alpha}$,有

$$\hat{\Gamma}_i^{\alpha} = \sum_{j \in I_{i,uk}^{\alpha}} \dfrac{\pi_{ij}^{\alpha}(h)}{-\lambda_{i,k}^{\alpha}}\left[\Gamma_i^{\alpha} + \mathrm{diag}\left\{\sum_{j \in I_{i,k}^{\alpha}} \pi_{ij}^{\alpha}(h)(P_{\alpha,j} - P_{\alpha,l}), 0, 0\right\}\right] \quad (7.33)$$

因此,对于 $0 \leqslant \pi_{ij}^\alpha(h) \leqslant -\lambda_{i,k}^\alpha$, $\hat{\Gamma}_i^\alpha < 0$ 可等价为

$$\Gamma_i^\alpha + \mathrm{diag}\left\{ \sum_{j \in I_{i,k}^\alpha} \pi_{ij}^\alpha(h)(P_{\alpha,j} - P_{\alpha,l}), 0, 0 \right\} < 0 \tag{7.34}$$

在式(7.34)中,存在

$$\sum_{j \in I_{i,k}^\alpha} \pi_{ij}^\alpha(h)(P_{\alpha,j} - P_{\alpha,l}) = \sum_{j \in I_{j,k}^\alpha} \pi_{ij}^\alpha(P_{\alpha,j} - P_{\alpha,l}) + \sum_{j \in I_{i,k}^\alpha} \Delta\pi_{ij}^\alpha(h)(P_{\alpha,j} - P_{\alpha,l})$$

$$\tag{7.35}$$

然后利用引理1.4,对任意的 $W_{ij}^\alpha > 0$,有

$$\sum_{j \in I_{i,k}^\alpha} \Delta\pi_{ij}^\alpha(h)(P_{\alpha,j} - P_{\alpha,l}) = \sum_{j \in I_{i,k}^\alpha} \left[\frac{1}{2}\Delta\pi_{ij}^\alpha(h)(P_{\alpha,j} - P_{\alpha,l}) + (P_{\alpha,j} - P_{\alpha,l}) \right]$$

$$\leqslant \sum_{j \in I_{i,k}^\alpha} \left[\frac{(\lambda_{ij}^\alpha)^2}{4}W_{ij}^\alpha + (P_{\alpha,j} - P_{\alpha,l})(W_{ij}^\alpha)^{-1}(P_{\alpha,j} - P_{\alpha,l})^{\mathrm{T}} \right]$$

$$\tag{7.36}$$

由式(7.32)~式(7.36),利用Schur补偿,可以得到当 $i \in I_{i,k}^\alpha$ 时,式(7.8)保证 $\Gamma_i^\alpha < 0$ 。类似地, $\sum_{j=1}^{N_2} \pi_{ij}^\alpha(h)Q_{\alpha,j} - Q_\alpha \leqslant 0$ 由式(7.9)保证。

情形Ⅱ: $i \in I_{i,uk}^\alpha$ 。

类似地,记 $\lambda_{i,k}^\alpha \triangleq \sum_{j \in I_{i,k}^\alpha} \pi_{ij}^\alpha(h)$ 。由于 $I_{i,k}^\alpha \neq \varnothing$, $\lambda_{i,k}^\alpha > 0$ 成立,因此, $\sum_{j=1}^{N_2} \pi_{ij}^\alpha(h)P_{\alpha,j}$ 可表示为

$$\sum_{j=1}^{N_2} \pi_{ij}^\alpha(h)P_{\alpha,j} = \sum_{j \in I_{i,k}^\alpha} \pi_{ij}^\alpha(h)P_{\alpha,j} + \pi_{ii}^\alpha(h)P_{\alpha,j} + \sum_{j \in I_{i,uk}^\alpha, j \neq i} \pi_{ij}^\alpha(h)P_{\alpha,j}$$

$$= \sum_{j \in I_{i,k}^\alpha} \pi_{ij}^\alpha(h)P_{\alpha,j} + \pi_{ii}^\alpha(h)P_{\alpha,j} \tag{7.37}$$

$$- (\pi_{ii}^\alpha(h) + \lambda_{i,k}^\alpha) \sum_{j \in I_{i,uk}^\alpha, j \neq i} \frac{\pi_{ij}^\alpha(h)P_{\alpha,j}}{-\pi_{ii}^\alpha(h) - \lambda_{i,k}^\alpha}$$

而且,显然 $0 \leqslant \pi_{ij}^\alpha(h) / -\pi_{ii}^\alpha(h) - \lambda_{i,k}^\alpha \leqslant 1 (j \in I_{i,uk}^\alpha)$, $\sum_{j \in I_{i,uk}^\alpha, j \neq i} \frac{\pi_{ij}^\alpha(h)}{-\pi_{ii}^\alpha(h) - \lambda_{i,k}^\alpha} = 1$ 。

对于 $\forall l \in I_{i,uk}^{\alpha}, l \neq i$, 有

$$
\hat{\Gamma}_i^{\alpha} = \sum_{j \in I_{i,uk}^{\alpha}, j \neq i} \frac{\pi_{ij}^{\alpha}(h)}{-\pi_{ii}^{\alpha}(h) - \lambda_{i,k}^{\alpha}} \Big[\Gamma_i^{\alpha} + \mathrm{diag}\Big\{ \pi_{ii}^{\alpha}(h)(P_{\alpha,i} - P_{\alpha,l})
$$

$$
+ \sum_{j \in I_{i,k}^{\alpha}} \pi_{ij}^{\alpha}(h)(P_{\alpha,j} - P_{\alpha,l}), 0, 0 \Big\} \Big] \tag{7.38}
$$

因此, 对于 $0 \leq \pi_{ij}^{\alpha}(h) \leq -\pi_{ii}^{\alpha}(h) - \lambda_{i,k}^{\alpha}, \Gamma_i^{\alpha} < 0$ 可等价为

$$
\Gamma_i^{\alpha} + \mathrm{diag}\Big\{ \pi_{ii}^{\alpha}(h)E^{\mathrm{T}}(P_{\alpha,i} - P_{\alpha,l}) + \sum_{j \in I_{i,k}^{\alpha}} \pi_{ij}^{\alpha}(h)(P_{\alpha,j} - P_{\alpha,l}), 0, 0 \Big\} < 0
$$

$$
\tag{7.39}
$$

由于 $\pi_{ij}^{\alpha}(h) < 0$, 若存在下式, 则式 (7.39) 成立

$$
\begin{cases}
P_{\alpha,i} - P_{\alpha,l} \geq 0 \\
\Gamma_i^{\alpha} + \mathrm{diag}\Big\{ \sum_{j \in I_{i,k}^{\alpha}} \pi_{ij}^{\alpha}(h)(P_{\alpha,j} - P_{\alpha,l}), 0, 0 \Big\} < 0
\end{cases} \tag{7.40}
$$

此外, 与式 (7.35) 和式 (7.36) 类似, 对任意的 $V_{ij}^{\alpha} > 0$, 有

$$
\sum_{j \in I_{i,k}^{\alpha}} \pi_{ij}^{\alpha}(h)(P_{\alpha,j} - P_{\alpha,l}) \leq \sum_{j \in I_{i,k}^{\alpha}} \pi_{ij}^{\alpha}(P_{\alpha,j} - P_{\alpha,l}) + \sum_{j \in I_{i,k}^{\alpha}} \Big[\frac{(\lambda_{ij}^{\alpha})^2}{4} V_{ij}^{\alpha}
$$

$$
+ (P_{\alpha,j} - P_{\alpha,l})(V_{ij}^{\alpha})^{-1}(P_{\alpha,j} - P_{\alpha,l})^{\mathrm{T}} \Big] \tag{7.41}
$$

由式 (7.37) ~ 式 (7.41) 可知, 当 $i \in I_{i,uk}^{\alpha}$, 式 (7.10) 和式 (7.12) 通过应用保证了 $\Gamma_i^{\alpha} < 0$。为了处理 $\sum_{j=1}^{N_2} \pi_{ij}^{\alpha}(h)Q_{\alpha,j} - Q_{\alpha} \leq 0$, 我们可以遵循式 (7.32) ~ 式 (7.41)。综上分析, 证明了 TR 一般不确定系统 (7.7) 的 MSES。这就完成了证明。

7.3.3　自适应 SMC 律设计

在这一部分, 构造了一个自适应 SMC 律, 使得滑动面在滑动运动前满足状态可达性。为了保证切换面 $s(t) = 0$ 的可达性, 下面的定理给出了详细的分析。

注意到在实际系统中,非线性项中的系统非线性估计界 l_1 和 l_2 是未知的。因此,使用 $\hat{l}_1(t)$ 和 $\hat{l}_2(t)$ 进行调整,相应的估计误差分别为 $\tilde{l}_1(t) = \hat{l}_1(t) - l_1$ 和 $\tilde{l}_2(t) = \hat{l}_2(t) - l_2$。

定理 7.2

通过设计切换面函数(7.6),假设定理7.1中的条件有可行解。那么,下面的自适应滑模律可以在有限时间内将被控系统的状态推到切换面 $s(t) = 0$ 上:

$$
\begin{cases}
u(t) = -B_{2\alpha,i}^{-1}[u_1(t) + u_2(t)] \\
u_1(t) = \bar{C}_\alpha[A_{\alpha,i}z(t) + A_{d\alpha,i}z(t-d)] \\
u_2(t) = [\rho + \parallel T_{\alpha,i}z(t) \parallel \hat{l}_1(t) + \parallel T_{\alpha,i}z(t-d) \parallel \hat{l}_2(t)]\mathrm{sgn}(s(t))
\end{cases}
\tag{7.42}
$$

其中,$\bar{C}_\alpha = [-C_\alpha \quad I]$,$\rho > 0$ 是一个小常数。此外,自适应增益设计为

$$
\dot{\hat{l}}_1(t) = c_1 \parallel B_{2\alpha,i} \parallel \parallel T_{\alpha,j}z(t) \parallel \parallel s(t) \parallel
$$

$$
\dot{\hat{l}}_2(t) = c_2 \parallel B_{2\alpha,i} \parallel \parallel T_{\alpha,i}z(t-d) \parallel \parallel s(t) \parallel
$$

其中,$c_i > 0 (i = 1,2)$ 为设计的标量。

证明:选取李雅普诺夫函数

$$
V(t) = 0.5[s^{\mathrm{T}}(t)s(t) + c_1^{-1}\tilde{l}_1^2(t) + c_2^{-1}\tilde{l}_2^2(t)]
\tag{7.43}
$$

然后,得到

$$
\begin{aligned}
\mathcal{L}V(t) &= s^{\mathrm{T}}(t)\dot{s}(t) + c_1^{-1}\tilde{l}_1(t)\dot{\tilde{l}}_1(t) + c_2^{-1}\tilde{l}_2(t)\dot{\tilde{l}}_2(t) \\
&= s^{\mathrm{T}}(t)\bar{C}_\alpha(A_{\alpha,i}z(t) + A_{d\alpha,i}z(t-d)) + s^{\mathrm{T}}(t)B_{2\alpha,i}(u(t) \\
&\quad + f(T_{\alpha,i}z(t), T_{\alpha,i}z(t-d), t)) + c_1^{-1}\tilde{l}_1^2(t) + c_2^{-1}\tilde{l}_2^2(t)
\end{aligned}
\tag{7.44}
$$

将式(7.42)代入(7.44),得

$$\mathcal{L}V(t) = -\rho s^{\mathrm{T}}(t)\mathrm{sgn}(s(t)) - [\parallel T_{\alpha,i}z(t)\parallel \hat{l}_1(t) + \parallel T_{\alpha,i}z(t-d)\parallel \hat{l}_2(t)]s^{\mathrm{T}}(t)\mathrm{sgn}(s(t))$$

$$+ s^{\mathrm{T}}(t)B_{2\alpha,i}f(T_{\alpha,i}z(t),T_{\alpha,i}z(t-d),t) + c_1^{-1}\tilde{l}_1(t)\dot{\tilde{l}}_1(t) + c_2^{-1}\tilde{l}_2(t)\dot{\tilde{l}}_2(t)$$

$$\leqslant -\rho\parallel s(t)\parallel - [\parallel T_{\alpha,i}z(t)\parallel \hat{l}_1(t) + \parallel T_{\alpha,i}z(t-d)\parallel \hat{l}_2(t)]\parallel s(t)\parallel$$

$$+ \parallel s(t)\parallel \parallel B_{2\alpha,i}\parallel (l_1\parallel T_{\alpha,i}z(t)\parallel + l_2\parallel T_{\alpha,i}z(t-d)\parallel)$$

$$+ c_1^{-1}\tilde{l}_1(t)\dot{\tilde{l}}_1(t) + c_2^{-1}\tilde{l}_2(t)\dot{\tilde{l}}_2(t)$$

$$(7.45)$$

注意到下式存在

$$\dot{\tilde{l}}_1(t) = \dot{\hat{l}}_1(t),\ \dot{\tilde{l}}_1(t) = \dot{\hat{l}}_1(t)$$

回顾式(7.45)和上述性质,则有

$$\mathcal{L}V(t) \leqslant -\rho\parallel s(t)\parallel < 0, s(t)\neq 0 \qquad (7.46)$$

更进一步,从调节律来看,$\dot{\tilde{l}}_i(t) = \dot{\hat{l}}_i(t)$,这意味着有一个常数 T^*,对于 $t > T^*$ 满足 $\tilde{l}_i(t) > 0$,从而得到 $c_1^{-1}\tilde{l}_i(t)\dot{\tilde{l}}_i(t) > 0$。由式(7.46)可知,对于任意 $t > T^*$,可达性条件 $s^{\mathrm{T}}(t)\dot{s}(t) < 0$ 成立。为此,确认了切换面 $s(t) = 0$ 的可达性,完成了证明。

注7.3

来自控制式(7.42)中符号函数的 SMC 方法的不足不可避免地会产生不希望的抖振效果。因此,在过去的几十年里,人们提出了许多减少抖振效应的方法,包括"准滑模控制""趋近律法""动态滑模法"等。另外,由式(7.42)可知,调谐标量 ρ 直接决定了滑动面到达的时间。

注7.4

可以看出,通过自适应滑模方法对原系统进行整体分析,可以很容易地应用到任何开关信号的情况下,即 $g_t = \{1\}$,表示一个正常的 S - MJS。进一步可知,当 $\prod^{\alpha}$ 中 $\Delta\pi_{ij}(h) = 0$ 时,我们有一般不确定 TR 的正常 MJS 模型,这在文献 [17 – 18] 中已有研究。

7.4　数值示例

示例 7.1

考虑图 7.1 中的 RLC 串联电路。相应地,令 $x_1(t) = u_c(t)$ 和 $x_2(t) = i_L(t)$ 为状态向量,其中 $u_c(t)$ 和 $i_L(t)$ 分别为电容电压和电感电流。因此,图 7.1 中的模型可以用系统(7.1)表示,系统的开关信号由开关控制,开关的值通过 1 或 2,电容在 1、2 和 3 之间跳变遵循半马尔可夫切换。其动力学描述为

$$L(g_t)\frac{\mathrm{d}i_L(t)}{\mathrm{d}t} + u_c(t) + R_1 i_L(t) = u(t)$$

$$C(r_t)\frac{\mathrm{d}u_c(t)}{\mathrm{d}t} + \frac{u_c(t)}{R_2} = i_L(t)$$

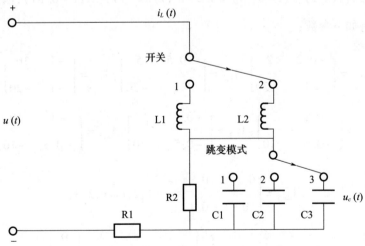

图 7.1　RLC 串联电路

令 $x(t) = [x_1^{\mathrm{T}}(t)\ x_2^{\mathrm{T}}(t)]^{\mathrm{T}}$，得到形式上的状态空间：

$$\dot{x}(t) = \begin{bmatrix} -\dfrac{1}{C(r_t)R_2} & \dfrac{1}{C(r_t)} \\[3mm] -\dfrac{1}{L(g_t)} & -\dfrac{R_1}{L(g_t)} \end{bmatrix} x(t) + \begin{bmatrix} 0 \\[2mm] \dfrac{1}{L(g_t)} \end{bmatrix} u(t)$$

当电路中含有时滞 $d = 0.1\mathrm{s}$ 和非线性不确定项时，更具有一般性，不妨考虑系统：

$$\dot{x}(t) = \begin{bmatrix} -\dfrac{1}{C(r_t)R_2} & \dfrac{1}{C(r_t)} \\[3mm] -\dfrac{1}{L(g_t)} & -\dfrac{R_1}{L(g_t)} \end{bmatrix} x(t) + \begin{bmatrix} 0.1 & 0 \\ 0 & -0.1 \end{bmatrix} x(t-0.1)$$

$$+ \begin{bmatrix} 0 \\[2mm] \dfrac{1}{L(g_t)} \end{bmatrix} (u(t) + f(x(t), x(t-d)))$$

其中，$L_1 = 1H, L_2 = 2H, C_1 = 0.5F, C_2 = 0.2F, C_3 = 0.1F, R_1 = 20\Omega, R_2 = 10\Omega$。非线性函数为 $f(x(t), x(t-d), t) = 0.2\sin^2(t)(x_1(t) + x_2(t-0.1))$，因此，我们对系统有如下参数：

$$A_{1,1} = \begin{bmatrix} -0.2 & 2 \\ -1 & -20 \end{bmatrix}, A_{1,2} = \begin{bmatrix} -0.5 & 5 \\ -1 & -20 \end{bmatrix}, A_{1,3} = \begin{bmatrix} -1 & 10 \\ -1 & -20 \end{bmatrix},$$

$$A_{2,1} = \begin{bmatrix} -0.2 & 2 \\ -0.5 & -10 \end{bmatrix}, A_{2,2} = \begin{bmatrix} -0.3 & 3 \\ -0.5 & -10 \end{bmatrix}, A_{2,3} = \begin{bmatrix} -1 & 10 \\ -0.5 & -10 \end{bmatrix},$$

$$A_{d\alpha,j} = \begin{bmatrix} 0.1 & 0 \\ 0 & -0.1 \end{bmatrix}, \alpha = 1,2; i = 1,2,3,$$

$$B_{1,1} = B_{1,2} = B_{1,3} = \begin{bmatrix} 0 \\ 1 \end{bmatrix}, B_{2,1} = B_{2,2} = B_{2,3} = \begin{bmatrix} 0 \\ 0.5 \end{bmatrix}$$

一般的不确定 TR 矩阵如下所示：

$$\Pi^1 = \begin{bmatrix} -2.8 + \Delta\pi_{11}^1(h) & \nabla_{12}^1 & \nabla_{13}^1 \\ \nabla_{21}^1 & \nabla_{22}^1 & 1.5 + \Delta\pi_{23}^1(h) \\ 1.1 + \Delta\pi_{31}^1(h) & \nabla_{32}^1 & -2.3 + \Delta\pi_{33}^1(h) \end{bmatrix}$$

$$\Pi^2 = \begin{bmatrix} \nabla_{11}^2 & 1.0 + \Delta\pi_{12}^2(h) & \nabla_{13}^2 \\ 0.8 + \Delta\pi_{21}^2(h) & -1.5 + \Delta\pi_{22}^2(h) & \nabla_{23}^2 \\ \nabla_{31}^2 & \nabla_{32}^2 & -2.5 + \Delta\pi_{33}^2(h) \end{bmatrix}$$

从这些参数可以看出,系统已经是正则的,因此不需要进行线性变换。定义 $x_1(t) = z_1(t)$ 和 $x_2(t) = z_2(t)$,令 $\Delta\pi_{ij}^\alpha(h) \leq \lambda_{ij}^\alpha = |0.1\pi_{ij}^\alpha(h)|$, $\mu = 1.2$ 以及 $\lambda = 0.1$。通过检验定理7.1中的条件 $C_1 = -0.5, C_2 = -0.4$,得到以下可行解:
$P_{11} = 11.0682, P_{12} = 11.7482, P_{13} = 7.4577, P_{21} = 38.2543, P_{22} = 23.6994,$
$P_{23} = 17.8974, Q_{11} = 13.7916, Q_{12} = 19.6871, Q_{13} = 21.5970, Q_{21} = 38.8290,$
$Q_{22} = 43.3359, Q_{23} = 33.3265, M_{11} = -7.0342, M_{12} = 4.4922, M_{13} = 3.3430,$
$M_{21} = -1.5543, M_{22} = 5.0152, M_{23} = 10.5328, Q_1 = 38.9940, Q_2 = 51.4770,$
$Z_1 = 2.7637, Z_2 = 3.7816$

通过计算式(7.15),有 $T_a^* = 1.8232$。因此,选择平均停留时间为 $T_a = 2$。给定初始条件为 $\varphi(\theta) = [5\ -5]^T, \theta \in [-0.1, 0]$,自适应律如定理7.2所示,

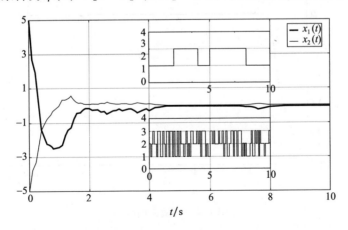

图7.2　系统状态 $x(t)$ 的时间响应

相应的参数选取为 $c_1 = 0.015$，$c_2 = 0.01$ 和 $\hat{l}_1(0) = \hat{l}_2(0) = 0$，控制器 (7.42)
中的调节标量 ρ 选取为 $\rho = 0.01$。此外，为了减小切换信号的抖振效应，这里
将 $\mathrm{sgn}(s(t))$ 改为 $s(t)/(\parallel s(t) \parallel + 0.01)$。图 7.2 ~ 图 7.5 给出了仿真结
果。图 7.2 描绘了闭环系统在一种可能的确定性切换和随机跳变下的状态
响应。图 7.3 给出了文献 [11] 中的估计值 $\hat{l}_1(t)$ 和 $\hat{l}_2(t)$。图 7.4 给出了开关
面函数 $s(t)$。图 7.5 绘出了控制输入。

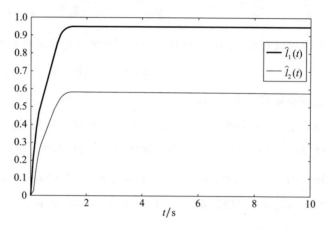

图 7.3　自适应增益

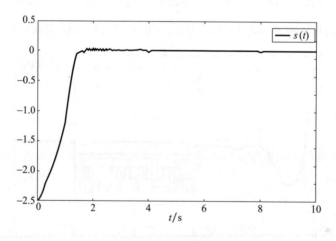

图 7.4　切换面曲线

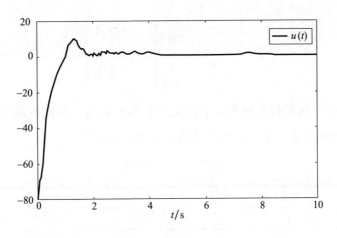

图 7.5　控制输入 $u(t)$

示例 7.2

最近,功率转换器在文献中得到了广泛的研究(如参见文献[19–20])。这里,让我们考虑参考文献[20]中提供的典型的基于 PWM 的 DC – DC 降压变换器;平均系统模型描述为

$$\begin{cases} L\dot{i}_L = \sigma E - v_s \\ C\dot{v}_x = i_L - \dfrac{v_x}{R} \end{cases}$$

其中, i_L, v_s, L, C, R 和 E 分别为电感电流、平均输出电容电压、电路电感、电路电容、电路负载电阻和外电源电压。$\sigma \in [0,1]$ 为占空比函数,作为 PWM 的控制信号。相应地,令 $x_1(t) = e(t) = v_s - v_r$,其中 v_r 为参考输出电压。那么,

$$\dot{x}_1(t) = \dot{e}(t) = \frac{1}{CR}(Ri_L - v_s)$$

定义 $x_2 = Ri_L - v_{s'}$,则下式成立:

$$\dot{x}_2(t) = \frac{R(\sigma E - v_s)}{L} - \frac{1}{CR}(Ri_L - v_s) = \frac{R(\sigma E - v_r)}{L} - \frac{R(v_s - v_r)}{L} - \frac{1}{CR}(Ri_L - v_s)$$

定义 $x(t) \triangleq [x_1^{\mathrm{T}}(t)\ x_2^{\mathrm{T}}(t)]^{\mathrm{T}}$ 以及 $u(t) = \sigma E - v_{r'}$,进而引出下面的状态空间模型:

$$\dot{x}(t) = \begin{bmatrix} 0 & \dfrac{1}{CR} \\ -\dfrac{R}{L} & -\dfrac{1}{CR} \end{bmatrix} x(t) + \begin{bmatrix} 0 \\ \dfrac{R}{L} \end{bmatrix} u(t)$$

在下文中,我们将分别考虑上述关于 L 和 C 具有三种随机跳变模式和两种确定性切换的动力学。相应的数值见表 7.1 和表 7.2。

表 7.1 随机参数

模式 i	参数 M
1	1H
2	2H
3	4H

表 7.2 确定性切换参数

模式 i	参数 M
1	1H
2	2H
3	4H

此外,给定输入电压、期望输出电压和负载电阻分别为 $E = 20\text{V}$、$v_r = 10\text{V}$ 和 $R = 10\Omega$。考虑上述模型,即无延时和无扰动。然而,定理 7.1 中提出的条件在不考虑时滞的情况下,同样适用于检验上述系统的随机稳定性。因此,有如下的系统矩阵:

$$A_{1,1} = \begin{bmatrix} 0 & 0.5 \\ -10 & -0.5 \end{bmatrix}, A_{1,2} = \begin{bmatrix} 0 & 0.5 \\ -5 & -0.5 \end{bmatrix}, A_{1,3} = \begin{bmatrix} 0 & 0.5 \\ -2.5 & -0.5 \end{bmatrix},$$

$$A_{1,1} = \begin{bmatrix} 0 & 0.2 \\ -10 & -0.2 \end{bmatrix}, A_{1,2} = \begin{bmatrix} 0 & 0.2 \\ -5 & -0.2 \end{bmatrix}, A_{1,3} = \begin{bmatrix} 0 & 0.2 \\ -2.5 & -0.2 \end{bmatrix},$$

$$B_{1,1} = B_{2,1} = \begin{bmatrix} 0 \\ 10 \end{bmatrix}, B_{1,2} = B_{2,2} = \begin{bmatrix} 0 \\ 5 \end{bmatrix}, B_{1,3} = B_{2,3} = \begin{bmatrix} 0 \\ 2.5 \end{bmatrix}$$

选取 $C_1 = C_2 = -1$ 作为切换面函数中的增益,其余参数 λ、μ 和 TR 矩阵选取如示例 7.1 所示。同时,我们有以下可行的解决方案:

$$P_{11} = 1.8684, P_{12} = 1.9814, P_{13} = 2.1141,$$

$$P_{21} = 5.4592, P_{22} = 5.2990, P_{23} = 5.2184,$$

$$W_{11}^1 = 14.7778, V_{23}^1 = 3.6639, W_{31}^1 = 3.6455, W_{33}^1 = 3.6236$$

$$V_{12}^2 = 3.6446, W_{21}^2 = 3.6744, W_{22}^2 = 3.6272, W_{33}^2 = 3.5157$$

出于仿真目的,初始条件由 $x(0) = \begin{bmatrix} -5 & 5 \end{bmatrix}^{\mathrm{T}}$ 设定,平均停留时间选择为 $T_a = 2$。在设计滑模控制器时,取调节标量为 $\rho = 0.01$,切换信号用 $s(t)/(\parallel s(t) \parallel + 0.01)$ 代替。图 7.6 给出了控制器(7.42)对系统的状态响应。图 7.7 ~ 图 7.9 分别对输出电压、占空比和电感电流作图。

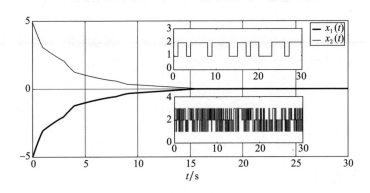

图 7.6 闭环系统的状态响应

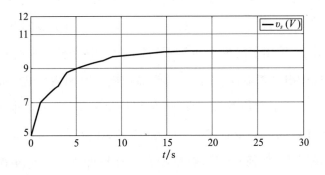

图 7.7 输出电压

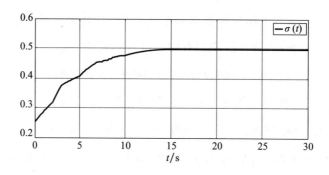

图 7.8　占空比

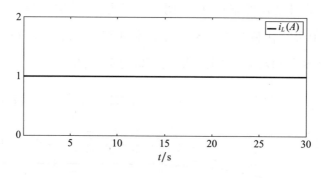

图 7.9　电感电流

7.5　结论

本章研究了具有一般不确定 TR 的非线性开关半马尔可夫跳变时滞系统的自适应滑模镇定问题。首先,得到了基于线性开关面函数的低维滑模动力学。在此基础上,给出了滑模运动 MSES 的充分 LMI 条件。在此基础上,提出了一种自适应的滑模控制律,以保证滑模面在固定时间内可达。最后通过算例对所提理论进行了数值验证。此外,值得指出的是,在本章提出的方法的基础上,未来还可以进一步研究一些问题:例如,在获得的滑模动力学不再被拒绝扰动的情况下,如何处理这类模型在存在错匹配扰动的情况下的降阶 SMC 设计问题。

参考文献

[1] J. P. Hespanha and A. S. Morse, Stability of switched systems with average dwell-time, *Proceedings of the 38th IEEE conference on decision and control (Cat. No. 99CH36304). IEEE*, Vol. 3, pp. 2655–2660, 1999.

[2] J. Daafouz, P. Riedinger and C. Iung, Stability analysis and control synthesis for switched systems: A switched Lyapunov function approach, *IEEE Transactions on Automation Control*, Vol. 47, No. 11, pp. 1883–1887, 2002.

[3] X. Zhao, L. Zhang, P. Shi, et al., Stability of switched positive linear systems with average dwell time switching, *Automatica*, Vol. 48, No. 6, pp. 1132–1137, 2012.

[4] X. Zhao, X. Zheng, B. Niu, et al., Adaptive tracking control for a class of uncertain switched nonlinear systems, *Automatica*, Vol. 52, pp. 185–191, 2015.

[5] L. Zhang and P. Shi, Stability, l2-Gain and asynchronous H∞ control of discrete-time switched systems with average dwell time, *IEEE Transactions on Automation Control*, Vol. 54, No. 9, pp. 2192–2199, 2009.

[6] S. Roy and S. Baldi, A simultaneous adaptation law for a class of nonlinearly parametrized switched systems, *IEEE Control Systems Letters*, Vol. 3, No. 3, pp. 487–492, 2019.

[7] X. Liu, X. Su, P. Shi, et al., Fault detection filtering for nonlinear switched systems via event-triggered communication approach, *Automatica*, Vol. 101, pp. 365–376, 2019.

[8] P. Bolzern, P. Colaneri and G. De Nicolao, Markov jump linear systems with switching transition rates: Mean square stability with dwell-time, *Automatica*, Vol. 46, No. 6, pp. 1081–1088, 2010.

[9] P. Bolzern, P. Colaneri and G. De Nicolao, Almost sure stability of markov jump linear systems with deterministic switching, *IEEE Transactions on Automation Control*, Vol. 58, No. 1, pp. 209–214, 2013.

[10] L. Hou, G. Zong, W. Zheng and Y. Wu, Exponential l_2-l_∞ control for discrete-time switching markov jump linear systems, *Circuits System and Signal Processing*, Vol. 32, No. 6, pp. 2745–2759, 2013.

[11] X. Luan, C. Zhao and F. Liu, Finite-time stabilization of switching markov jump systems with uncertain transition rates, *Circuits System and Signal Processing*, Vol. 34, No. 12, pp. 3741–3756, 2015.

[12] W. Qi, X. Gao and Y. Kao, Passivity and passification for switching markovian jump systems with time-varying delay and generally uncertain transition rates, *IET Control Theory and Application*, Vol. 10, No. 15, pp. 1944–1955, 2016.

[13] J. P. Hespanha and A. S. Morse, Stability of switched systems with average dwell-time, *Decision and Control, 1999. Proceedings of the 38th IEEE Conference*, Vol. 3, pp. 2655–2660, 1999.

[14] V. I. Utkin, *Sliding Modes in Control Optimization*, Berlin: Springer-Verlag, 1992.

[15] E. K. Boukas, *Stochastic Switching Systems: Analysis and Design*, Boston: Springer Science & Business Media, 2007.

[16] J. Huang and Y. Shi, Stochastic stability of semi-markov jump linear systems: An LMI approach, *2011 50th IEEE Conference on Decision and Control and European Control Conference (CDC-ECC)*, pp. 4668–4673, 2011.

[17] E. Shmerling and K. J. Hochberg, Stability of stochastic jump-parameter semi-markov linear systems of differential equations, *An International Journal of Probability and Stochastic Processes*, Vol. 80, No. 6, pp. 513–518, 2008.

[18] X. Zhang and Z. Hou, The first-passage times of phase semi-markov processes, *Statistics & Probability Letters*, Vol. 82, No. 1, pp. 40–48, 2012.

[19] S. Vazquez, J. Rodriguez, M. Rivera, et al., Model predictive control for power converters and drives: Advances and trends, *IEEE Transactions on Industrial Electronics*, Vol. 264, No. 2, pp. 935–947, 2017.

[20] J. Wang, S. Li, J. Yang, et al., Extended state observer-based sliding mode control for PWM-based DC-DC buck power converter systems with mismatched disturbances, *IET Control Theory & Application*, Vol. 9, No. 4, pp. 579–586, 2015.

前　景

在本书中,首次结合 T – S 模糊模型方法和滑模控制(SMC)策略,研究了一类具有一般不确定跃迁率的半马尔可夫跳变系统(S – MJS)的随机稳定性和镇定问题。其次,将所提出的理论主要应用于单连杆机械手系统和 RLC 电路系统等。在控制策略设计过程中,提出了一种改进的滑模面,提出了一种新的滑模观测器,并给出了在不确定 TR 存在的情况下,系统性能保守性较低的合理判据条件。同样,所提出的理论和设计方案也可以应用于其他一些复杂系统,如中性系统、奇异系统、混合系统等。此外,本工作在滑模面和滑模控制器的设计上也带来了以下的新颖之处:

(1)对于所研究的控制系统,输入矩阵不需要满足传统约束,独立于模糊规则和列满秩,在一定程度上扩展了本书理论的深度和适用性。

(2)在滑模观测器的设计方案中,提出了一种结合补偿器的新型整体滑动面。这样既补偿了系统的非线性干扰,又增强了动态系统的鲁棒性。此外,还给理想滑模动力学的各项性能指标的分析带来了方便。

(3)设计了一种新型自适应滑模控制器。在提出的滑模观测器的基础上,利用系统输出和设计的观测器对控制器的设计进行了改进,并保证了到达阶段的有限时间可达性。

(4)对于 S – MJS 的 SMC 分析,本书提出了在一般不确定 TR 条件下的随机稳定性分析。与以往的研究相比,本书的研究更深入,为以后的研究奠定了坚实的基础。

(5)在第 1 章中,我们初步讨论了具有一般 TR 的线性 S – MJS 的随机稳定性。除去 $I_{i,k}^{\alpha} \neq \varnothing$ 和 $I_{i,\mu k}^{\alpha} \neq \varnothing$ 的限制,所考虑的 TR 矩阵比以往的研究更适用于一般的情况,这有利于今后对 S–MJS 的进一步探索。

同时,在 S–MJS 的 SMC 方面,还存在许多需要进一步研究的问题,简要说明如下:

(1)在 SMC 的实现中,各个小参数的选择往往依赖于对动态性能和经验的分析实际操作中,很难达到理想的效果。因此,有必要分析如何选择这些调谐参数,分析它们对动态响应和作用机理的影响。通过完善的优化算法来确定它们是否可以被选择是一个有趣的研究方向。

(2)在这项工作中,S–MJS 的 SMC 没有考虑外部噪声,如在现实系统中广泛存在的白噪声。因此,本工作的研究可以推广到具有 Itô 型随机摄动的 S–MJS 的研究。滑模观测器和自适应控制器的设计对这类系统具有重要的理论价值。

(3)随机系统的奇异特性在某些环境条件下是不可避免的,因此应该对随机系统的奇异特性给予更多的关注。对于要激活的子系统 j,前一个状态 $x(t_i^-)$ 可能不是一个可接受的初始条件。即当系统从 t_i 点的子系统 i 切换到下一个子系统时,状态表现出突然的不连续跳变行为。其结果是,整个广义开关系统的解将不存在,更不用说系统的控制优化。因此,有必要对跳变状态的行为进行详细分析,以找出其动态过程中所遵循的机理。

(4)在这项工作中,SMC 的研究可以应用到不同的研究方向:例如,滑模观测器设计的思想可以应用到 Itô 型广义 S–MJS 和网络控制系统的分析与综合。该方法可推广到系统预测控制、传感器故障重构与检测、高阶滑模观测器设计等领域。

内 容 简 介

　　本书研究了一类具有一般不确定过渡速率的半马尔可夫跳变系统的随机稳定性与镇定问题,介绍了一类具有半马尔可夫跳变参数的随机系统的分析和设计,利用滑模控制策略对半马尔可夫跳变系统进行系统分析,弥补了随机系统分析和设计的不足。本书提出一种处理半马尔可夫跳变系统随机稳定性的新估计方法,并给出一种新的积分滑动面设计方法,最后将 Takagi – Sugeno 模糊模型方法引入系统非线性处理,并给出模糊滑模控制率。本书在每一章中,除了进行理论研究、数学推导,还将所提出方法应用于实际例子,在检验方法合理性的同时,便于读者更好地理解掌握。

　　本书适用于相关科研人员以及研究生。